U0311430

APPRECIATE SIMPLICITY OF TAIWAN-STYLE

品鉴台式简约

颜军　编

江苏凤凰科学技术出版社

序一

家饰，不是跟随流行。它需要自我，更要适合自我。

纵观这几年的室内设计，各种风格风生水起，美式乡村、简欧、地中海、后现代、田园、意式、法式……拎起来一大串。这些叫法对业主来说框定了他们对设计师的真正诉求，这种诉求也恰恰是很多设计师不具备的，于是设计师们会误读业主内心真正想要的东西。

作为一个室内设计师，应该敏锐地把握业主想要的方向，因为他们的非专业性导致他们表达出来的东西是零碎的、没有结构性的，这就需要设计师多倾听、多沟通，然后经过整合、搓揉、艺术加工，融入自己的思路。这样设计出来的作品才是鲜活、有灵魂的，符合主人的性格。这一点很重要，适合的才是最好的。不再是惯性风格的展示，这样的设计才有价值，才能具有价值的感染力。

在室内设计理念里，我们主张空间制胜，没有一个好的空间规划，再美的设计都是失败的。“安全、舒适、美观”是主导住宅设计的原则，作为设计师，首先要考虑房子的环保及安全性，其次是住宅设计的功能性与居住的舒适性，最后才是美观。美观固然重要，但如果不能满足前两者，再漂亮的房子也只是一个摆设而已。

一个家所承载的不应该是富丽堂皇的装饰，而是简简单单的温暖。只要做到别致有韵、温馨可依，就是一种生活情调，更是一种对生活回归理解的境界。大隐于市，闲时只需一杯香茗、一本好书地私享生活……

王五平
深圳太合南方建筑室内设计事务所
2015.1

序二

台式风格更趋近于不同文化与设计的融合

简单、干净是台式风格表达空间的主要呈现方式。台式风格之所以用这样的方式表现，主要是因为我们对于生活的追求已经回归，归于本质上的探讨。所以设计师们希望能够减去一些负担，让家变成一个干净、舒服、让人可以休息的地方。所以台湾住宅的简约其实透露出来的是一种比较人性化、自然的生活态度。但是面对未来装饰风格的突破和发展，我认为我们可以尝试着把设计的尺度打开，更多地接触国际市场，以一种更开放的态度去面对不同的文化和社会市场需求，让设计更趋近于不同文化与设计的融合。

空间设计的目的是让居住者得到生活上的放松

以建筑的概念去做造型，以建筑的概念去看待空间、去看待人与空间的关系、是我创作作品的主要灵感来源。每创作一个作品，我都会关心空气的流动、光线的进入、适宜的温度、宁静的声音等因素是否满足人在空间中最基本的需求。我会更深刻地去看待居住者怎么样能吃好一顿饭、怎么样能睡一个好觉、怎么样能洗个舒服的澡，让居住者得到生活上的放松，而不是用金碧辉煌的装饰来炫耀自己的功成名就。

造型、色彩、材质的运用

造型、色彩、材质，是空间应用中非常重要的三个方面。

参照建筑造型的方式来表现空间，从简约的手法来看，就是能够以不同的线条创造出丰富的阴影层次。这种方式的运用必须通过严格的几何造型和系统的数学关系来呈现建筑造型概念，才能更好地表现建筑空间。

在色彩运用上，我习惯运用中间明度（彩度和明度之间）低彩度的一种空间概念，去呈现比较中性的灰色调。带有灰色调的这个部分，它融合了大地的颜色，是空间中最好的基底，成为展示空间中家具和收藏品以及人活动最好的舞台。所以中性色调的设定，也是我们运用色彩的重要基础。当然，由于有光线的存在影响了色相的变换，从而丰富了空间层次。

至于材质方面，我希望能够运用一种肌理化的过程去处理材料。所谓肌理化，就是在表面进行的不同的处理。譬如一个石材台面，它可能处理成光面、雾面、凿面、烧面，从而会有不同的表面肌理与质感。当你触摸、观赏它的时候，在你的记忆深处，你会去抽取对于这个材料的记忆。这就是一个肌理化的过程。

另外，透过几何切割与排列顺序来表现也是呈现简约的一种表现方式。譬如说我们让某种材料变成细长形，并且与方块形做拼贴；再让蜂窝状和圆形的材料做比例拼贴，这两种拼贴所对比出来的空间概念就会给人不同的观赏感受。

推荐缘由

《品鉴台式简约》这本书收录了台式简约的最新经典案例，由于台式简约风格的设计在住宅类的表现一直都相当精彩，多元化地呈现出各种住宅的不同面貌，我相信通过这本书的介绍，读者会对台式简约风格的表现方式有更深刻的体验。

近境设计 唐忠汉
2015 年 1 月

目录

Graceful Space

赋采

项目面积：200 ㎡
设计公司：杨焕生建筑室内设计事务所
设计师：杨焕生

比文还富有风采，比诗还更具韵律，可以给其“非诗非文”的定义，同时却具“有诗有文”的内涵，于是设计师重新赋予它犹如新生命绽放般的色彩，并结合创作艺术与精致工艺，把它放在喧嚣的都市、彼此交错坐落的城市光景中，让这样的色彩巧妙地融入生活。

从玄关、客餐厅至厨房，在完全开放的尺度下，如何让各自独立的空间统一于同一个空间内，相互融合？设计师将十四幅连续且极具韵律感的画作并行排列，虚无缥缈的大山云雾，镶嵌于垂直面域上，改变检视艺术的视觉角度，来实践内心期望的生活方式，一开一阖之间创造出静态韵律与动态界面屏风的完美结合，让连续性的延伸感蔓延全室。

通过不同视角营造出框景效果，让造型彼此之间产生了或对称，或反差的关系，亦为空间建立了丰富的视域层次。

以实用机能、丰富采光、通风对流、动线流畅作为主要的设计原则，将视角延续扩展，公共空间彼此交叠，使空间呈现出渐进式的层次律动。

大面积的落地窗，为眺望城市提供最佳视野。要把这种无尽无边的辽阔感延伸至室内来，就要去除那份属于都市的繁忙或冷漠，让去芜存菁的空间能响应居住者的初衷，让长期往返美国、中国上海、新加坡的业主，感受到像是顶级酒店的精品规格，同时也拥有属于家的放松感与温度，是此套设计所要达到的终极目标。

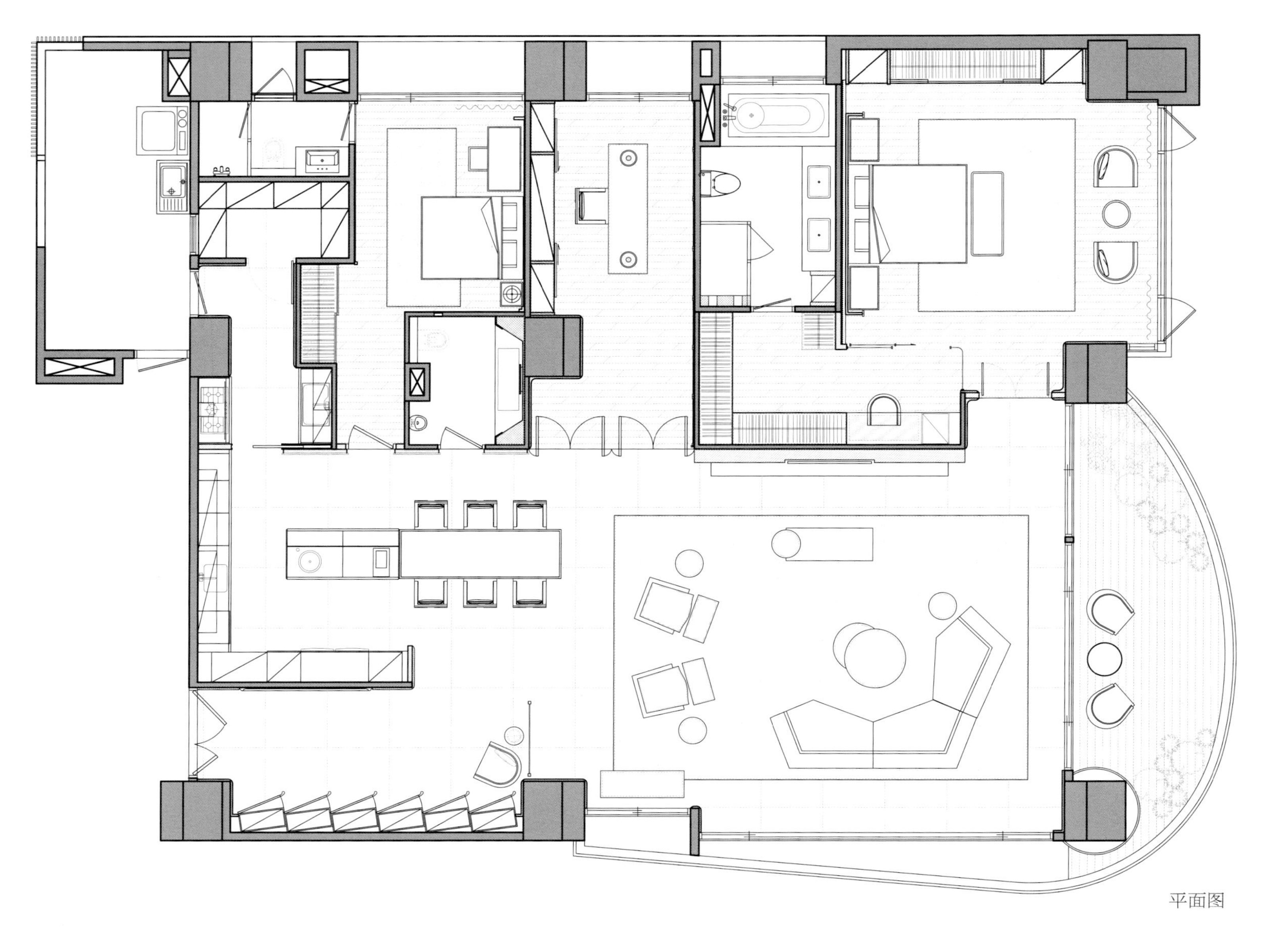

平面图

Wu's House in Nei-hu District

内湖吴宅

项目面积：230 ㎡
设计公司：日作空间设计
设计师：黄世光、李靖汶、江冠逸、蔡尚修
摄影师：游宏祥
材料：洞石、烧面石材、松木、桧木、柚木、橡木、铁件、磨石子

原本格局欠佳的一层为家人们集居的房间层，曲折蜿蜒的动线安排，不仅使光线无法顺利抵达屋子中央最深处，也浪费了许多步行空间。为此设计师将各房间入口向中央推进，提升房间内空间效能，并调整家配位置，使光线以最短的直线路径，汇集至中央梯间。

移除一楼靠近后院的晒衣间与多年无用的房间墙面让空间面积实现最大化，并将此处重新定义为开放的公共区域，这样原本最幽暗的空间反而成为光线与空气最主要的进出口。白灰色基调的地面，使光线得以充分漫射入室，并富含淡淡的怀旧之感。同时，桧木玻璃门在光线缓缓抵达所有空间的交会处之时，也散发出悠悠桧木香。

设计师保留了二、三楼少见的错层结构，改以一字形的铁件玻璃梯，

以最低限度的线条串联复层场域，同时保有视线互动关系。客厅原本为整面的大片玻璃窗，设计中以五道长窗重新定义开口，将教堂中带有古典气质的高耸长窗，与现代利落的材质线条相结合，增加了客厅室内外墙面的表情丰富度。把客厅原本趋近方正比例的立面，调整为高挑的线形开口。客厅主墙不挂电视，将空间主角还给家具，重新分割随机排列的洞石墙面，搭配北欧设计师的二手家具和充满有机线条的吊灯，让整个开放空间充满浓浓的自然人文氛围。

业主热爱音乐与美食，自感少不了独立的音响室与开放式的餐厨空间。另外，设计师尽可能地将宝贵无价的窗外绿意与自然光线引入室内。在改造重整之余，别忘了生活在其中的人文与自然，它才是最美好的风景。

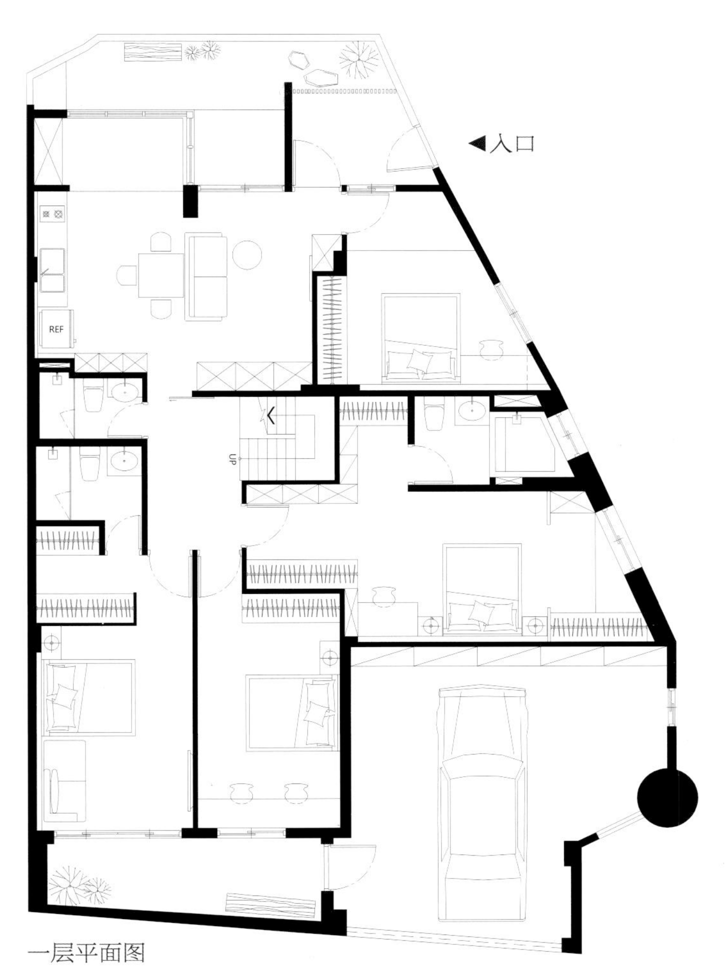

一层平面图

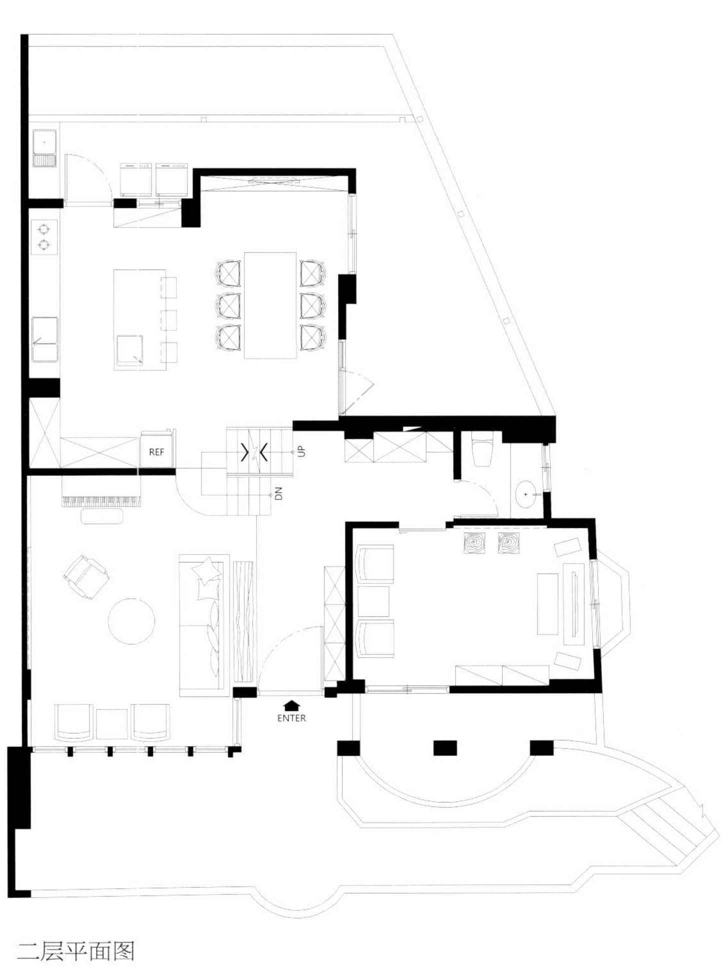

二层平面图

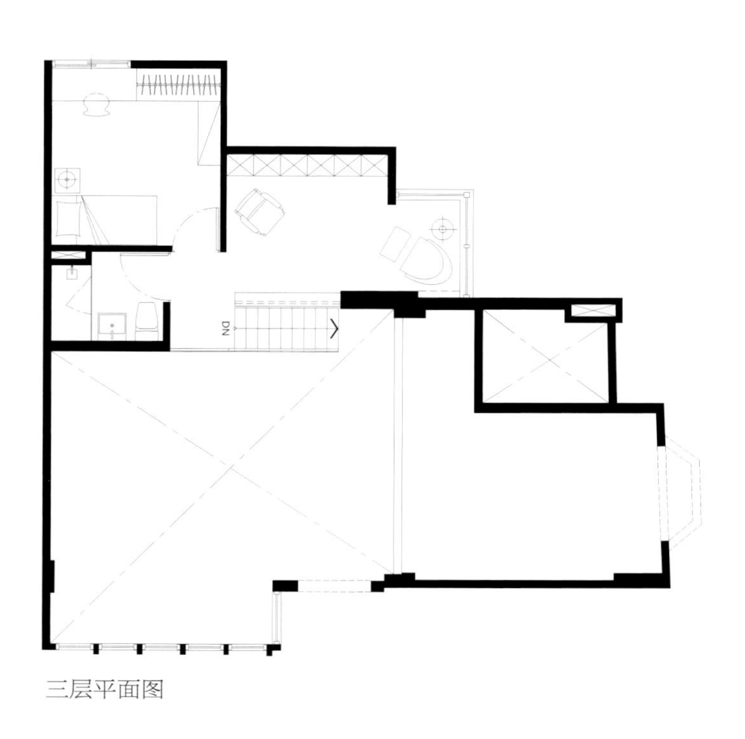

三层平面图

STARKER

BACH STARKER
鄉

Ink Stained Space

墨染

项目面积：198 ㎡
设计公司：近境制作设计有限公司
设计师：唐忠汉
摄影师：游宏祥
材料：橡木地板、铁件、石材

本案建筑本身的格局受动线限制，因此空间以一道连接的长廊作为中心，扩散至每个空间。位于廊道底端的书房空间，在设计规划之初将其刻意打开，让光线空气由此得以扩散流通，如墨色渲染，色调上采用介于深浅的中性色彩，如墨般晕染空间，柔化空间氛围。部分铁件色调整合空间焦点，廊道格栅层层竖立，透过立面肌理进入各个主要空间。

客厅、餐厅及中岛为同一轴线。开放空间明亮通透，并串联起其他功能空间。卧室空间使用平质素材，与景致相融合，透过木质格栅过滤直接语汇，看见物向透光的优雅。书房设计中，设计师运用石木的自然纹理，用人文气息渲染沉静安逸之感。

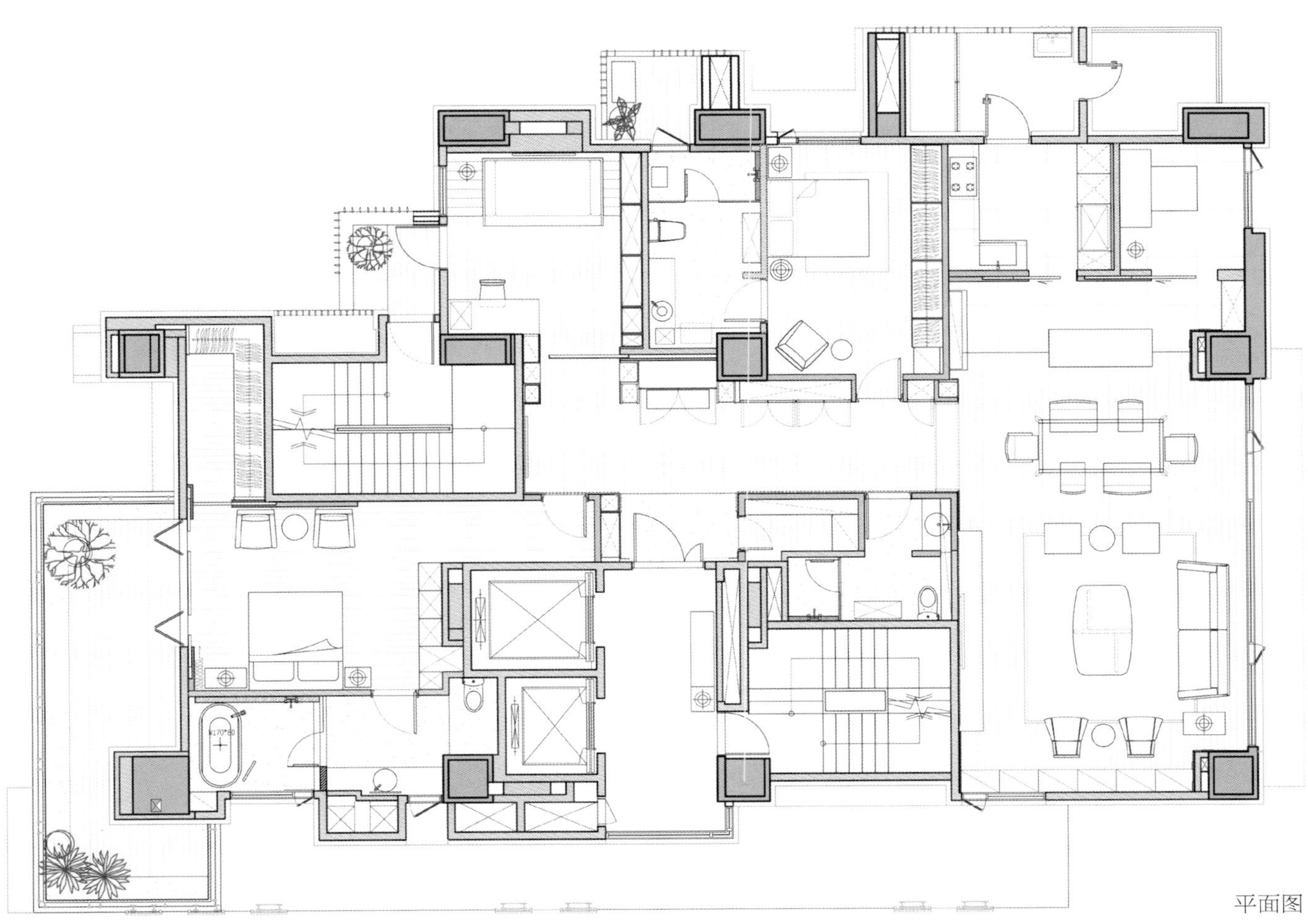

平面图

本案以各空间的不同使用功能对空间进行界定，将各区域划分为不同的生活场景。通过设计减少原有空间中既有大梁所造成的压迫感；天然温润的木质、纯粹的黑白材料突显原始的张力，朴实而随性。

在空间设计中以降低空间高度为特色，形成视觉穿透，营造出一种似透非透隐约的空间趣味，因建筑空间单面采光，故舍去实墙而采用交错的块体。同时，这也成为开放空间彼此过渡的重要介质。材

The First Impression of Space

空间初相

项目面积：129 ㎡
设计公司：近境制作设计有限公司
设计师：唐忠汉
摄影师：游宏祥
材料：白橡木地板、梧桐木风化板、喷漆、黑铁

质的选择较为单一，以表现对材料本质美感的探索为目的尝试单一素材所能诉说的不同语言，低色调的空间透过柔和的光线，营造出的静谧氛围，让简单成为最大的能量。以两道墙面作为区分公私领域的介质，并将入口动线简化成无形。让开放区域拥有最大的延展性，而卧室内则营造出安静而内蕴的氛围。这样便看见了空间的初相，回归生活最初的向往。

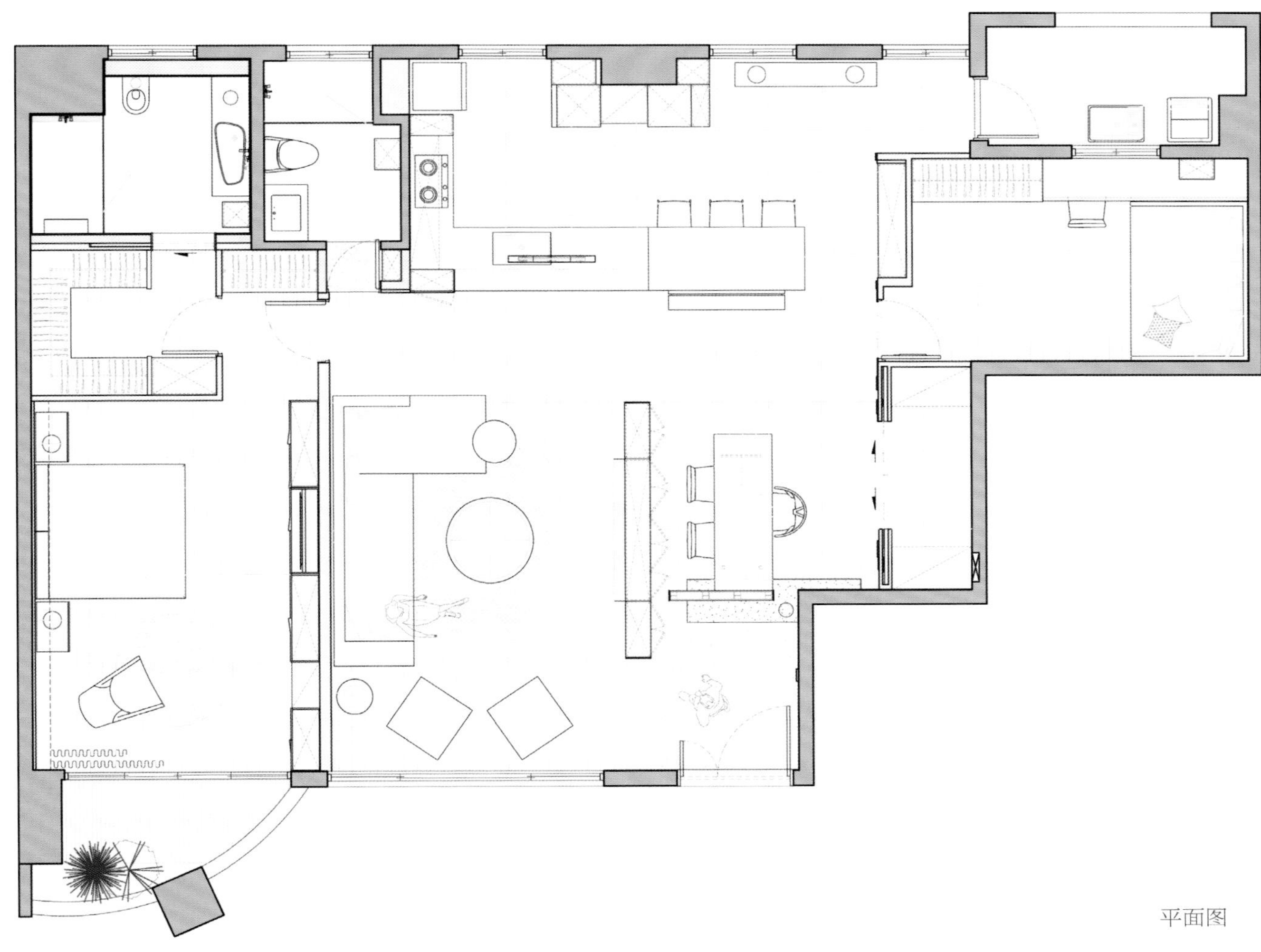

平面图

Chen's House in Taichung
台中陈宅

项目面积：175 ㎡
设计公司：珥本设计
设计师：陈建佑
摄影师：吴启民
材料：柚木实木条、胡桃木皮、大理石、人造石、裱布板、镀钛板、黑铁烤漆、茶镜、清水模砖

住宅空间的布局，牵系着家庭成员之间的互动情感。本案需满足一家四口的居住需求，两个孩子分别是初中生与高中生，夫妻二人对孩子采取自由开放的教育方式，注重生活和饮食的健康。因此在空间定调上，以大地色系为主，并通过材料具备的纹理特质加以表现。

室内约有 175 m^2，位于西边的客厅和主卧室有对外窗面，可引入充足的居家光源。主要窗景为邻近的文心森林公园，加上高楼层的视野角度，使得明亮的室内光线和鲜少的噪声问题成为本案良好的居住条件。室内的格局走向为：入口玄关进来是一个缓冲的过道空间，右侧动线通往两间小孩房，左侧则为公共区域和主卧室，并以收纳柜和开放展示的方式呈现缓冲场域。为了延续 L 形的整体条件，有别于大空间的连接处理，设计师以破碎性的墙面组合，如客厅与餐厅交会的一道 L 形清水模砖墙与功能柜相结合，同样语汇的方式延伸至主卧室入口前的木墙端景，以错落的表现方式，以避免空间给人被阻隔的感受，通过清水模砖材料的延展，更拉近了立面之间的关系，使客厅与餐厅相互连接，让光线自然流通。

在执行本案的过程里，设计师观察到夫妻二人和小孩之间的相处模式，是给予彼此尊重和自由发展的空间，因此在格局的平面规划上，可看到主卧室和小孩房之间的区隔，以确保小孩生活的独立性，并安排自己的作息。每个独立空间的房门，为避免让人直接看见房间里的状态，经由入口转折的角度保护使用者隐私，并营造居家动线不同的视觉趣味。

平面图

Chen's House of Baohui I

宝辉陈宅 I

项目面积：156 ㎡
设计公司：珥本设计
设计师：陈建佑
摄影师：吴启民
材料：橡木钢刷木皮、柚木钢刷木皮、莱姆石凿面处理、
安格拉珍珠石、铁件、白膜玻璃、茶镜、皮革板

考虑到使用者的年龄，对于往后日常所需的空间功能与细部比例，需更加谨慎控制。本案位于二楼，恰好与住宅大楼内的中庭有适度的连接，树梢绿意映入眼帘，因此光线与室内借景的空间变化成为这次的设计主轴。

以白色背景来作为光线的处理媒介，并通过材料诠释出空间彼此的连接性，延伸出不同的功能条件，如书房与客厅之间，虽以玻璃墙区隔，但房内的木制书桌可拉伸到客厅形成一道陈列台面，为此延续了视觉的同时而不感觉到格局的间断。入口玄关的绿色烤漆墙面搭配木质元素，由此循序至餐厅空间，二者语汇接近且里外映衬，串联起窗外绿意的自然氛围。而最佳的采光面来自客厅、书房和卧室，因此，通过适当的格局划分，经由空间的开阖关系来表现出不一样的层次变化，并为餐厅增加不少明亮的自然光源，解决现有环境的采光问题。对于空间表现的手法，光线始终为形体及面貌的构成条件之一，如何利用光线角度营造空间的可能性，设计师根据格局的走向与轴线来思考，以及镜面材料的反射效果来产生交错趣味，让行进之中的转折端点成为一种画面景色，延展出似有若无的室内尺度。

宛如园林借景的思考角度，利用空间元素及材料特性作为隐喻的表现方式，强调自然光线与视觉的穿透感，使其成为空间气氛渲染的主角，让每一道光点画面成为室内的一部分，享受身心安逸的居家时刻。

平面图

Chen's House of Baohui II

宝辉陈宅 II

项目面积：156 ㎡
设计公司：珥本设计
设计师：陈建佑
摄影师：吴启民
材料：茶玻、清水模砖、生铁板、橡木节眼木皮、壁纸、铁件

STUDY AREA
书房
BEDROOM A
主卧
LIVING AREA
起居空间
BATHROOM A
主卫
DINING AREA
就餐区
FOYER
玄关
BATHROOM B
次卫
KITCHEN
厨房
BEDROOM B
次卧

平面图

YOUNG ASIAN ARCHITECTS

通过互动，彼此可以分享个人经历，获得不同的生活心得，而认真工作，简单生活是设计师执行本案时对屋主所留有的互动印象，进而提出设计规划上的“简单、朴实”概念，经由减少实体对象的手法，赋予空间一些多变性和可能性。

由于既有的空间面积不大，各房间的室内面积也受到限制，因此在设计上尽可能要求尺度的精准，避免复杂的居家功能和曲折的动线，让自然光线可透过趣味性开口，营造整体空间特质，展现清透的生活面貌。客厅电视墙利用木作墙和茶色玻璃与百叶窗来界定后方的多功能空间，使二者之间仍保有穿透的视觉效果，另外亦可调整为独立的使用区域，多功能空间结合书房和工作区，呼应屋主喜欢在家中阅读或工作的生活习惯，黑板墙则为以后小孩学习时使用，一旁的订制书桌可视小孩的成长变化来调整桌面高度；平日如有亲友造访亦能作为客房，而多功能空间和卧室的开窗因面对西北边，使得下午光线较为强烈，因此设计师选用木百叶来作为调光的一道接口，同时柔化了建筑外观既有的黑框窗边，使立面更加简洁利落。

客厅主墙以清水模砖的灰色为背景，让光线在室内可产生不同的氛围，同时也刻意留下较大的面积，以宽敞无碍的场域条件，为以后在此游戏娱乐留有可能性。家具为灰蓝色系，主卧室同样以灰蓝色调呈现，分别利用壁纸和油漆的材料搭配，经由光线渲染后产生不同的纹理线条，而住宅环境不可或缺的原木色可谓是中和居家的温暖媒介。

Modern Minimalist Home

现代极简居家

项目面积：198 ㎡
设计公司：张馨室内设计、瀚观室内装修设计
设计师：张馨
材料：橄榄绿大理石、木化石、意大利进口瓷砖、木皮、铁件

通过一次偶然的沟通，设计师张馨让男主人看到了现代极简的可能，因此在本案空间中以简约舒适为基底，注入淡淡的美式古典，让人文内敛在这个家自然而生。

玄关内抛光石英砖的拆除，使得地坪到立面有了一致性的大理石语汇，同材质的呼应引领着造访者步入客厅动线。为满足屋主的喜好，设计师将原设计图中黑白强烈对比的电视主墙，从黑白根大理石改换成层次低调的木化石堆砌，并以削光手法降低石材的反光度，而玄关延伸而出的大理石则在低矮机柜起始，向客厅落地窗面及书房延伸，以T字形走法营造出客厅重心。

对于石材的硬质基底，设计师巧妙地以家具增添柔软度，混搭性的装饰古典线条从落地窗帘到沙发，层层突显空间品位，造型灯具的选用，不仅取代主灯光源，也让空间更富韵味。

考虑到未来的使用性，设计师对格局进行了微调，将三房中的一房放大作为书房之用，阳光优雅洒落，以深色基底略带浅色软件为主轴，天然木皮染色以黑中带绿的低色度，构筑出开放式书架的造型，佐以奢华却线条极简的壁炉，创造出美式、又极具现代感的书房空间，也让屋主的音响收藏有了适当安排，除了书桌外，小桌几的置入使女主人可在一旁上网、轻松阅读。

横向的层次，设计师以粗犷木皮增色，轻食吧台到餐桌，六片玻璃隔门，敞闭之间皆能实现明亮采光。烹调规划上分以轻食与热炒区块，量身定做的铁件吊灯调和着空间滋味，精致的规划中，设计师在餐桌旁设计一道稳定墙，短墙面挡住厕所的同时，在视觉交错中弱化了冰箱滞碍。

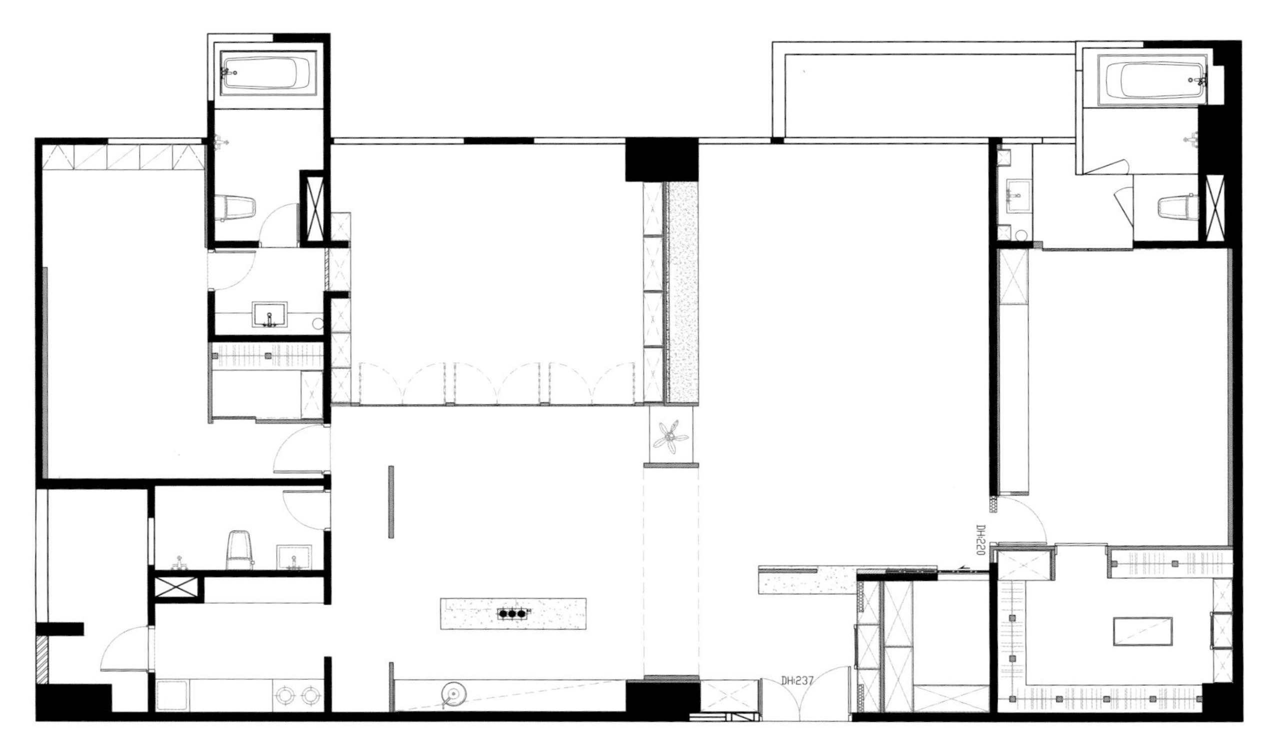

平面图

Yang's House on Nanchang Road

南昌路杨宅

项目面积：126㎡
设计公司：甘纳空间设计工作室
设计师：林仕杰、陈婷亮
摄影师：游宏祥
材料：进口瓷砖、人造石、实木木皮、铁件、特殊色烤漆玻璃、硅藻土

整体设计从动线到细节，将屋主的性格与特质展露无遗。屋主时常招待朋友于家中相聚并喜欢小酌，所以房间必须能容纳最多的可能性。在空间色彩上以黑、白、灰、米色及木色为主要基调，优雅、大度、中性。

客厅、餐区与厨房串联在一起，一气呵成，厨房中岛隔出的环状动线间，使主人在下厨的同时还能与坐在客厅或吧台的客人自如互动。厨房天花与客厅投影布幕和主灯材质相呼应，创造出视觉上的延伸效果。厨房壁面使用的灰蓝色，在整体色调的映衬下跳脱出来，为空间增加了令人温暖的气息。

走进客用浴室，映入眼帘的是一整片酒瓶摆饰，立体巧克力砖为背景，客人在使用浴室时，也能有另一番情趣。本案设计有一半的空间是主卧室的后面空间，采取双动线进入浴室及更衣室，方便屋主使用。

Female Only

御手洗

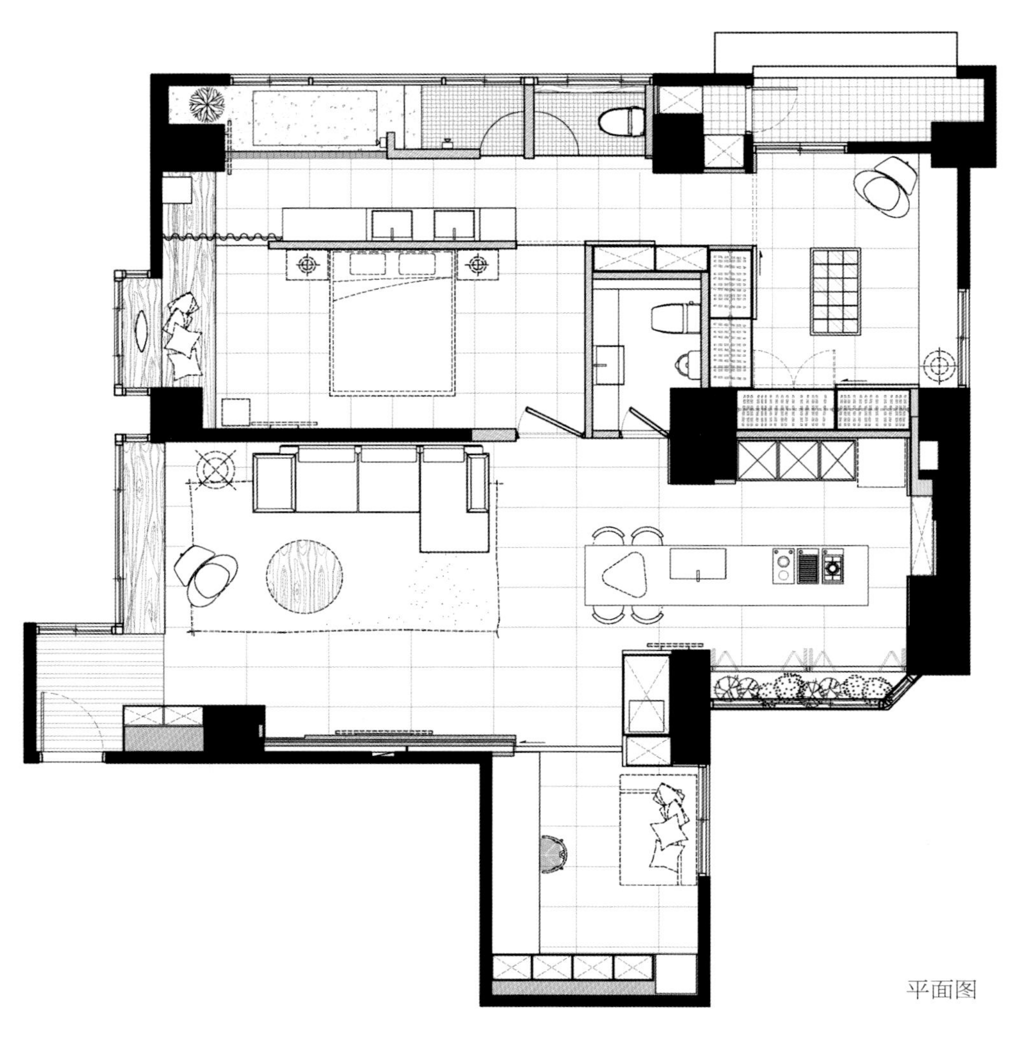

平面图

御手洗
PRADA

First Rank of Zhongyue

中悦一品

项目面积：318 ㎡
设计公司：大企国际空间设计有限公司
设计师：谢启明
材料：防焰钢刷、刀痕木皮、意大利进口石英地砖及木纹地砖、乌心木实木、天然树根、天然石材、超薄岩板、LED 灯具、防焰壁纸、黑 / 灰 / 茶色玻璃、墨镜、明镜本案为拥有“君临天下”气度的三十八层景观宅。设计师谢启明在规划时，将空间注入东方的文化元素并与现代设计相融合。

在客厅区域布局上，设计师特别寻找到千年树根作为客厅桌几，并与餐厅实木餐桌的大尺度气势与自然感相交织，打造客厅空间的装置艺术。在墙面的处理上，设计师则运用建筑畸零空间置入多宝阁意象并搭配上卧榻泡茶区。

电视主墙旁的影音机柜门片，局部以黑玻为材，美观的同时方便屋主遥控器。

运用建筑畸零空间置入的多宝阁意象，佐以藏于无形的暗门收纳，统整化风格满足了女主人的功能性需求。

神明桌利用中国生生不息的订制家具艺术，搭配上现代化的排烟设备，信仰与设计之间有了对话之美。

室内木纹纵横交错，视觉飨宴营造出一派转换出日落时刻的瑰丽壮阔。

在主卧室中设计师刻意在天花及踢脚处滚以黑边，以强化视觉立体感。

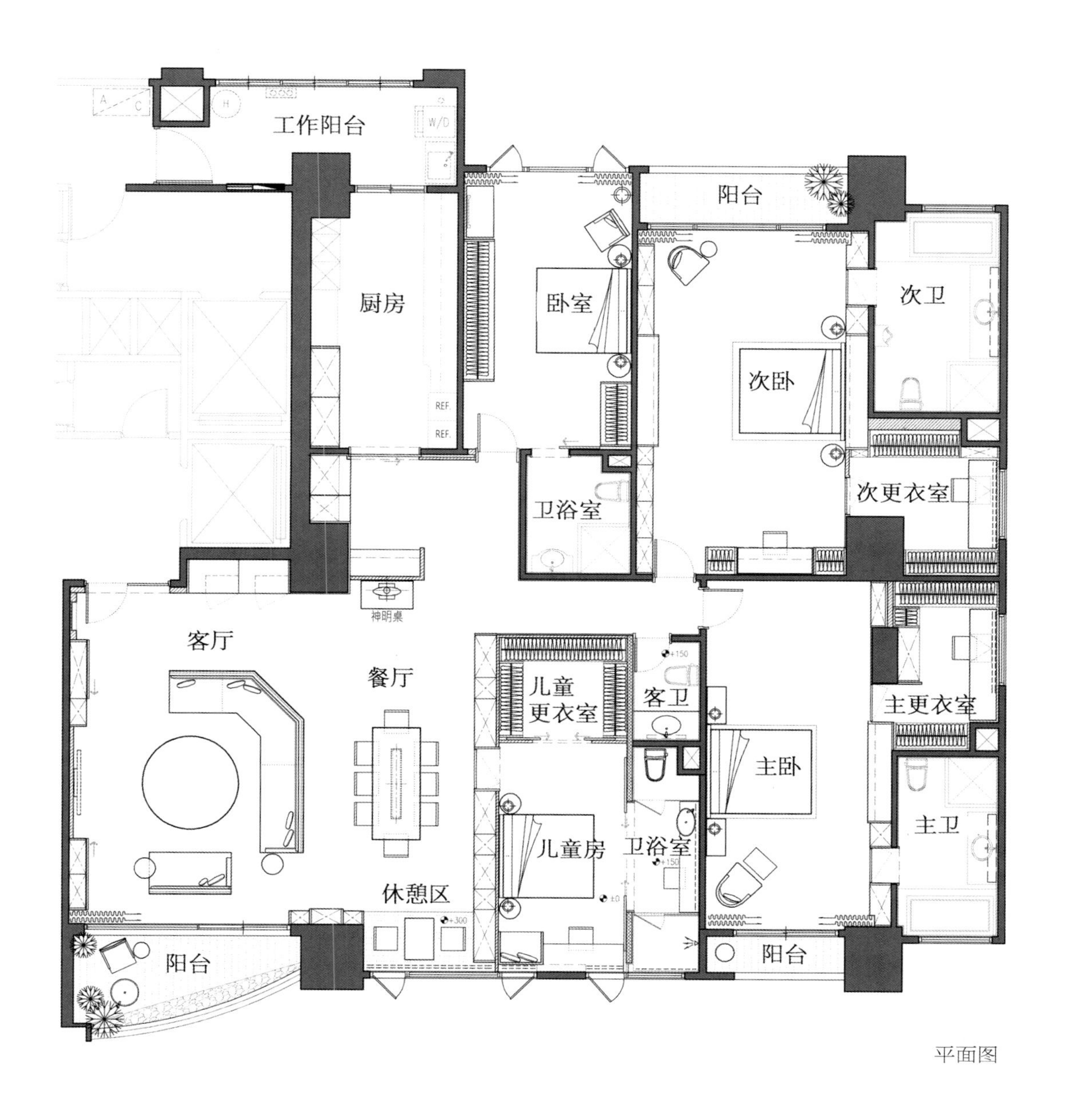
工作阳台
厨房
卧室
阳台
次卧
次卫
卫浴室
次更衣室
神明桌
客厅
餐厅
儿童
更衣室
客卫
主更衣室
主卧
儿童房
卫浴室
主卫
休憩区
阳台
阳台

平面图

本案设计重点采用中国建筑“均衡对称”的原则。在空间中，以客厅为中心，拉出两道中轴线，而动线则分列于轴线两侧，在这里动线不仅是使用者在空间中的活动动线，也是光线、空气及视觉上流动的动线。空间整体色调以深、浅的咖啡色系材料形成大面积的色彩对比，利用茶镜及夹纱玻璃使空间更有层次。客厅与书房以一道沉稳的沙发背景墙为区隔，背景墙的存在使空间有了前后与主从关

Gong's House of Boesendorfer

贝森朵夫龚宅

项目面积：182 ㎡
设计公司：而沃设计
设计师：陈冠廷
材料：烟熏木皮、洞石、米黄石、咖啡龙、夹纱玻璃、茶镜、铁件、钢琴烤漆

系的层次感。开放式书房与开放式厨房均利用铁件与夹纱玻璃的滑门。而随着书房的开放或关闭，让公共空间有了不一样的表情变化。客餐厅的背景墙采用同色系但不同纹理的壁纸做区分，由于颜色统一，由玄关进来，视觉上将两个面连成一体，空间感更宽阔；客餐厅中心线的安排也使整个空间更为平衡协调。

皓天舒白日
靈景耀神州
列宅紫宮裏
飛宇若雲浮
峨峨高門內
藹藹皆王侯
自非攀龍客
何為忽來游
被褐出閶闔
高步追許由
振衣千仞岡
濯足萬里流

平面图

Jingdu in Sanxia District

三峡京都

项目面积：100 ㎡
设计公司：品桢空间设计
设计师：陈鹰信
材料：石材、栓木木皮、铁件烤漆、茶色玻璃、钢琴烤漆、激光切割

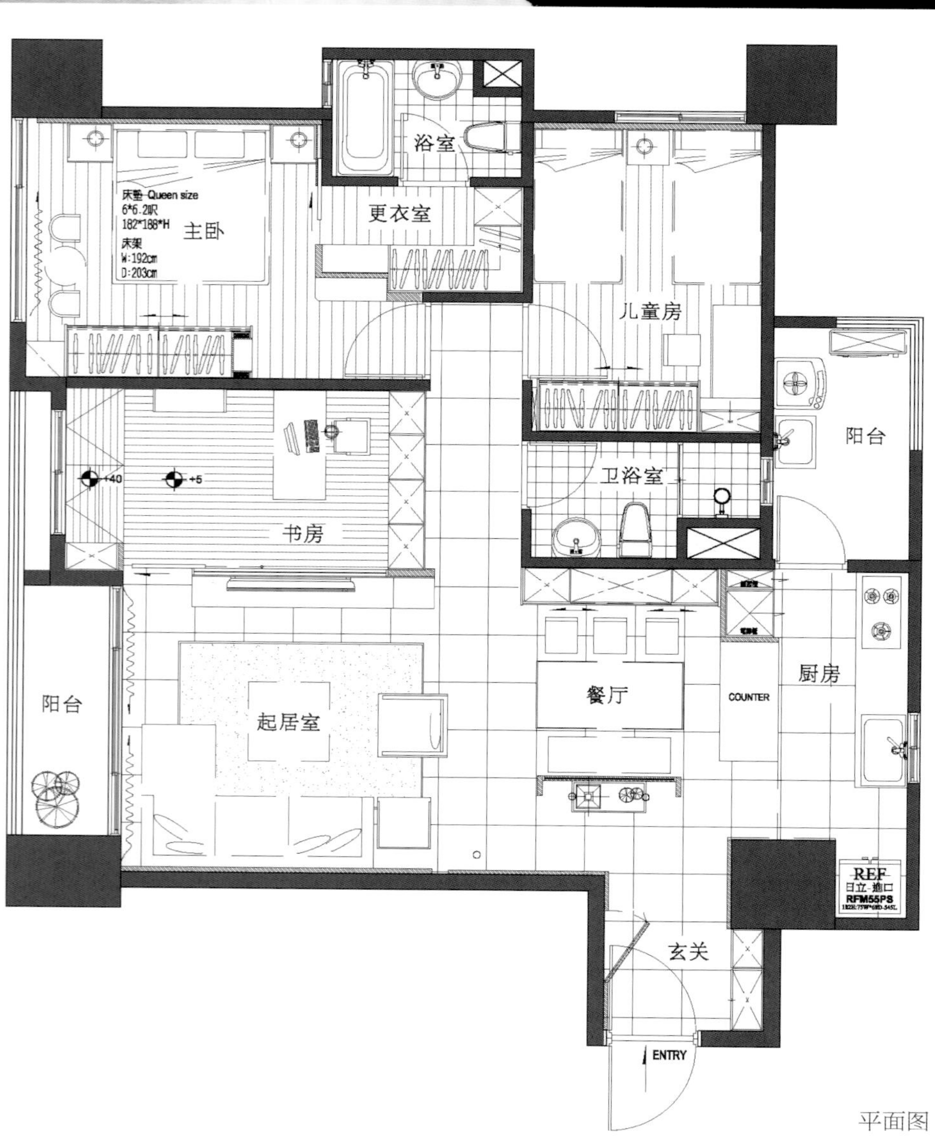

浴室
更衣室
床垫 Queen size
6*6.2呎
182*188*H
床架
W:192cm
D:203cm
主卧
儿童房
阳台
卫浴室
书房
+40
+5
阳台
起居室
餐厅
COUNTER
厨房
REF
日立 進口
RFM55PS
玄关
ENTRY

平面图

忙碌了大半辈子，虽未到退休年龄，但屋主已开始进入退休后的理想环境与生活模式。都市生活总是紧张、快速的，所以希望这个退休后的家能呈现自然、轻松、悠闲的氛围。

天然的石、木等材质，作为这次休闲养生宅设计的基础定位。格局上的不完美增加了设计的难度。一开门便直接看到餐厅，让屋主有说不出的遗憾，而空间条件又无法隔出一个独立玄关与餐厅，品桢空间设计化缺点为优点，结合森林、山岚的意象，将树林剪影运用激光切割技术，运用半镂空屏风的手法，区隔出玄关与餐厅空间。餐厅家具配置以 Y Chair 与长凳不对称的方式处理，加上北欧风格的球果灯，重新界定了空间与行进动线。

此外，为了展现空间的层次感，设计师刻意在电视主墙上方以穿透方式处理，让电视墙后方的书房与客厅相互联系又各自独立，佐以灰色石材与重低音喇叭设备，高低起伏，电视墙右侧铁件转至走廊，暗喻枝枒交错的情境，完美地将功能与大地自然元素融为一体。

走廊以家庭画廊的方式表达，墙上挂满全家出游与各阶段的照片，随时一解思念子女之情，而且下方的大抽屉、就近收纳客用浴室，并作为公共空间的储藏之地。

整体规划从动线、空间界定、收纳到家具，无不展现出高度的舒适与便利，营造出清心、怡然、健康的养生宅。

Imperial Garden

御之苑

项目面积：380 ㎡
设计公司：大企国际空间设计有限公司
设计师：谢启明
材料：激光切割板、天然石材、木皮染色、茶镜、茶色玻璃、丝质壁纸、造型皮革板、喷漆、艺术线板、海岛型木地板

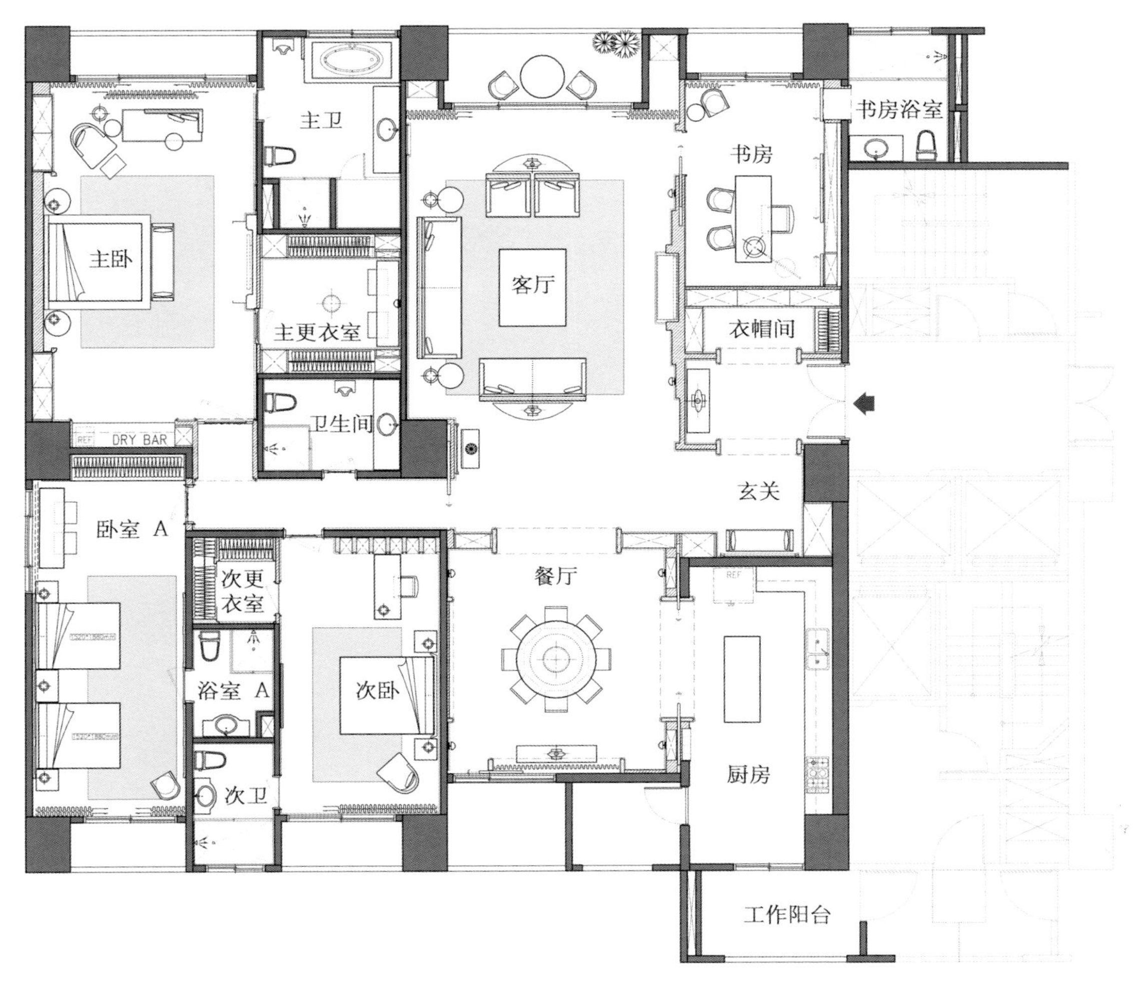
主卫
书房浴室
书房
主卧
客厅
主更衣室
衣帽间
卫生间
DRY BAR
玄关
卧室 A
餐厅
次更
衣室
浴室 A
次卧
次卫
厨房
工作阳台

平面图

本案以美式新古典为整体风格，融入东方内敛的人文精神，选材及色彩都以优雅、协调的大地色系为基调，企图营造一个大隐于市的西方经典及东方人文兼具的私人城堡。

公共空间从玄关开始就以比例讲究的美式新古典元素精准分割空间，将玄关区分为衣帽间及穿鞋区，运用天然石材及镜面的特色反射延伸视觉效果，依序引导进入客厅及餐厅等空间，并将艺术收藏品以生活化的方式置于伸手可及的家具中，营造出生活即艺术、艺术即生活的氛围，从而彰显主人的生活品位。

在客厅一角规划了书房空间，并特意将大型书柜以东方元素多宝格及窗棂等以无形的方式连同化妆室入口巧妙地融入其中。

另外三间卧房在整体风格统一的前提下，根据不同使用者的喜好塑造出不同的风情。

主卧室在入口处特意退缩一米作为内玄关，以展现奢华的空间尺度，进入后的第一个惊喜便是专属吧台区，推开暗门便有如小型精品店的男女更衣间，临窗也规划了舒适的沙发区，可以悠闲地在此阅读、品酒、闲谈，让男女主人轻松互动，减轻压力，生活更轻松、惬意。

另外是以白色为基调的温馨乡村风格的次卧以及以原木为主材的客房，虽然各有不同的风情，但轻松、怡人的空间品位传达出设计者注重睡眠质量及优雅气氛的细腻用心。

Zhang's Residence in Taichung

台中张公馆

项目面积：130 ㎡
设计公司：子境空间设计
设计师：古振宏

浓而不烈的风格呈现，只为追求品位质感的深度内涵。此案坐落于台中市七期的繁华地段，如何表达出格局的开放感是本案的重点。子境空间设计的古振宏设计师，以屋主期待的老美式风格作为风格基底，加入了些许工业感以及北欧元素做适度点缀，打造出带有浓厚个人色彩的敞朗大宅，营造家的温馨美好。以地板材质作为厅区与玄关部位的段落区隔，在天花板上由钢刷木皮引导动线，形式开放的通透场域，光影在百叶的随性舞动中蔓延流动。

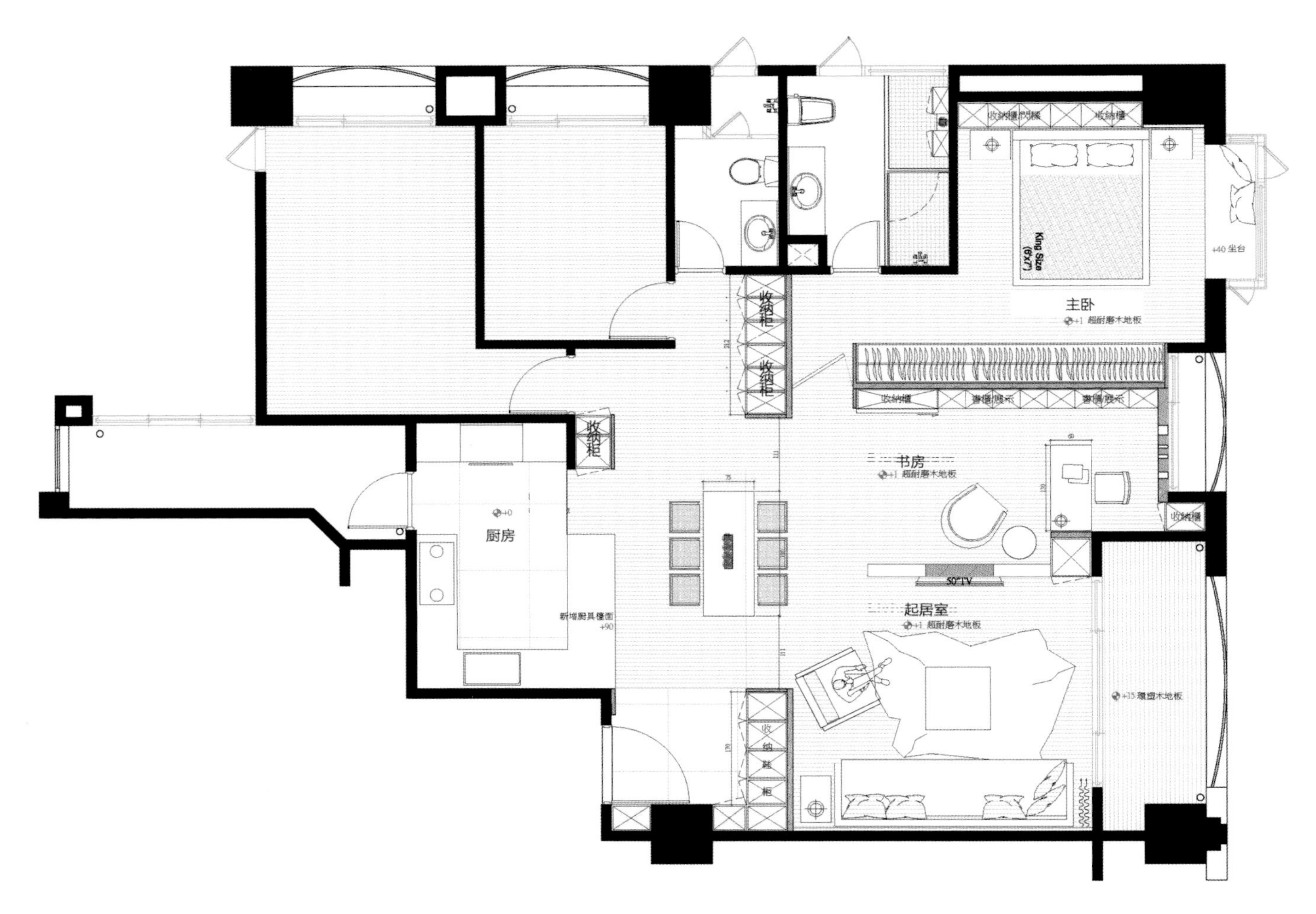
收納櫃
收納櫃
King Size (6'x7')
+40 坐台
主卧
+1 超耐磨木地板
收纳柜
收纳柜
收纳柜
收納櫃
書櫃/展示
書櫃/展示
书房
+1 超耐磨木地板
收納櫃
+0
厨房
新增廚具檯面
+90
50"TV
起居室
+1 超耐磨木地板
收
纳
鞋
柜

平面图

GUCCI

Jiutanghaoya Zhang's House

久樘好雅张宅

项目面积：120 m²
设计公司：奇米设计
设计师：徐学贤
材料：系统柜、黑烤玻、茶玻、白橡木皮、海岛型木地板

这是一个轻装修的案例。屋主是个单身女士，很享受在家的温暖氛围，她要求在有限的预算下，要达到充分的收藏功能，而且一定要有设计的感觉。于是，设计师利用浅色的木皮、局部的天花造型，以及简单有型的家具创造出了温馨、有设计感且令人放松的家。

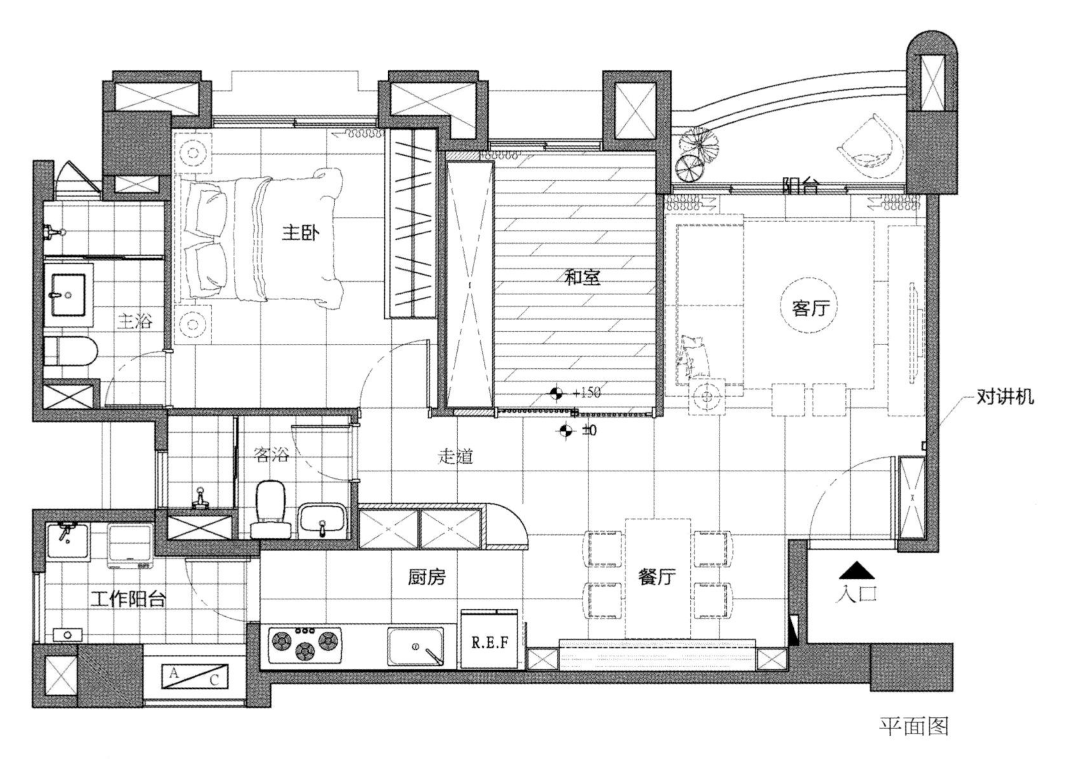

平面图

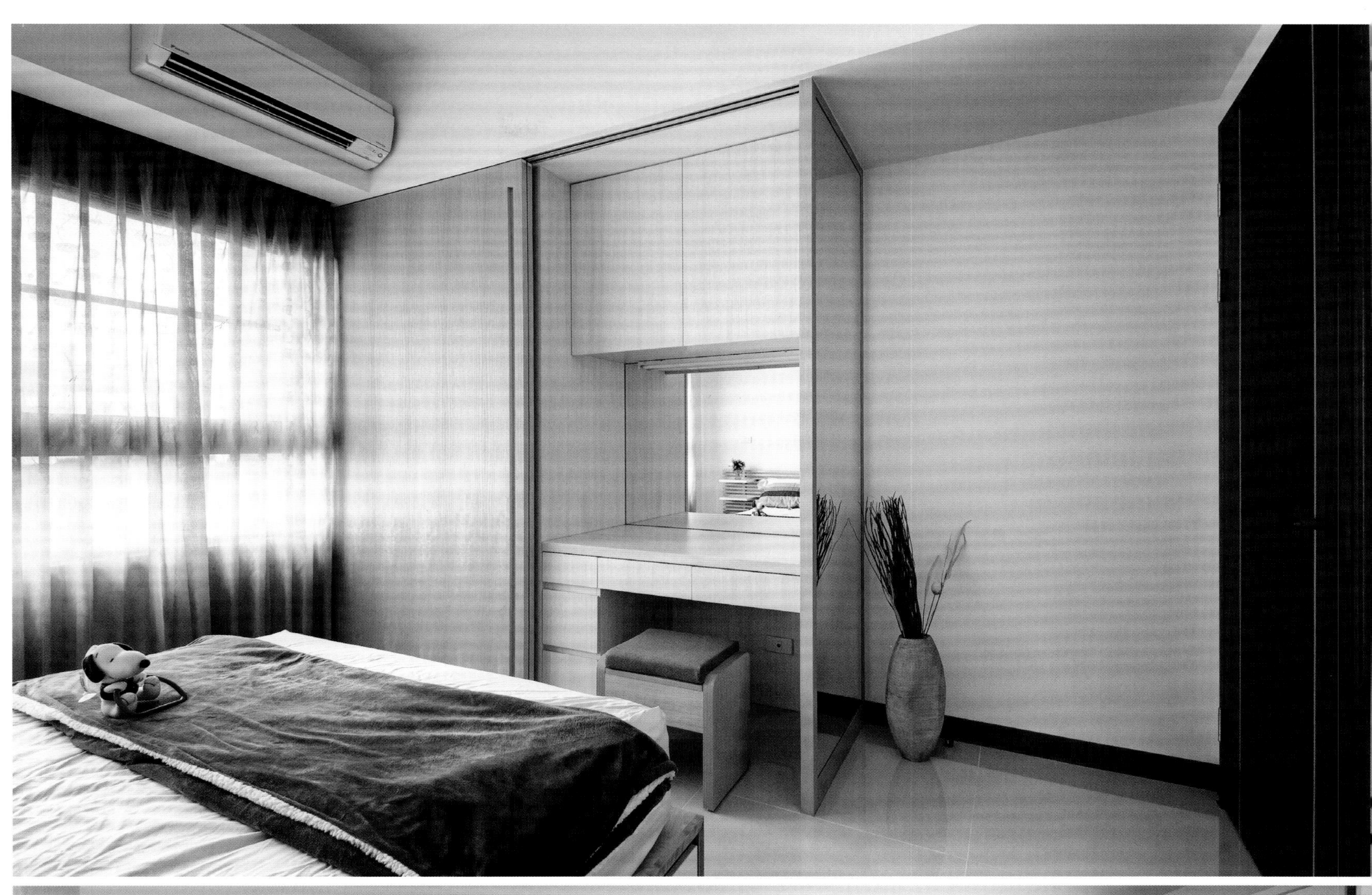

Meng's Mansion in Xindian District

新店孟邸

项目面积：73 ㎡
设计公司：隐巷设计顾问有限公司
设计师：孟羿彣
摄影师：王基守
材料：白色平光烤漆、灰镜、光面银狐理石、深灰色火山岩瓷砖、强化清玻璃、订制色强化烤漆玻璃、拉丝面不锈钢、钢刷自然拼贴、胡桃实木皮

现代设计融入 20 世纪 80 年代的公寓空间

房子位于新店区的老旧公寓中，经历 30 多年的房子，处处可见当年因追求高容积率的规划痕迹，狭长房子的主要采光来源为面向马路一端的窗子，由前室内阳台进入，这是标准的 20 世纪 80 年代的公寓设计。

为忙碌生活，留一处休憩空间

平时开车上下班的屋主为了解决都市空间的停车问题，也希望有更好的居住环境，于是在熟悉的台北新店区寻找一处一楼的住宅，屋主说："屋子前面有条河、有座山，附近绿树环绕，还有公园和运动场，加上合理的价格，从看屋到成交时间很快，几乎两天就完成了。"30 多年的老房子，除了自己的卧房外，还要为父母留一间卧房，并希望有一间书房，身为室内设计师的屋主在格局规划上费了一番心思。

从里到外都舒适的生活环境

位于一楼的空间容易有采光不足的缺点，因此外推前后阳台，争取充足的自然采光，以及更宽敞的活动空间。前阳台部分，以落地玻璃门窗及架高地坪的方法，创造出一个连接户外景致的休憩区。在原入口左侧的地方设计了一间厨房及客用卫浴。屋主将整个厨房和厕所往后移至后阳台，卧房改为书房，这样整个公共空间的活动区域就更为充足。主卧室位置没有太多更动，只在外墙的材质上加以变化。客厅部分以银狐大理石铺面展现质感，餐厅则采用实木皮表现，大理石纹和斜向木纹构成一个 V 字形的大气墙面，利用材质与颜色的连续，从而达到视觉延伸的效果，有效地放大了空间，整体的色调沉稳内敛，体现家的稳定之感。

忙碌生活中对居家休憩的渴望

在屋主的家里规划出多处随兴坐卧的休憩的地方，除了入口玄关的平台，从书房延伸至公共区的架高卧榻，可隐藏其后卫浴的管线，同时也可以收纳。餐桌安排在通往厨房的走道上，利用透明强化玻璃的材质降低了餐桌的存在感，巧妙的设计将餐厅置入核心位置强化了家庭的氛围。后方的厨房，因为透明屋檐与镜面材质的运用而令人不觉有狭窄之感。工作相当忙碌的屋主虽已经搬进来一阵子，却还没好好享受家的舒适。屋主说："一直幻想自己坐在落地窗前看风景，但到现在还没机会实现。"

ABCDE
FGHIJK
LMNOP
QRSTU
VWXYZ
ÅÄÖ

ABCDE
FGHIJK
LMNOP
QRSTU
VWXYZ

ABCDE
FGHIJK
LMNOP
QRSTU
VWXYZ

WM
0
洗衣房
19
REF
厨房
浴室
19
卧室
0
主卫
16
主卧
0
46"TV
45"TV
19
视听区
38
就餐区
0
起居室
0
园区
0
H=210
BH=45
BW=43

平面图

ABCDE
FGHIJK
LMNOP
QRSTU
VWXYZ
ÅÄÖ

Liu's Mansion in Zhongheliansheng Street

中和连胜街刘邸

项目面积：120 m²
设计公司：隐巷设计顾问有限公司
设计师：孟奔彣、黄士华
材料：钢刷橡木实木皮、白雾压克力漆、灰镜、秋海棠光面理石、印度黑火烧面理石、黑铁雾面、中岛台面人造石、清玻璃

旧屋屋龄十五年，原为三房两厅，但是动线混乱，使原有较佳的视野与采光无法充分利用，经过分析、调查屋主的生活习惯，重新设定为两厅两卫 + 一房的格局，共享空间为设计重点。

设计师去除客厅与餐厅、餐厅与书房之间的界定，利用材料的连续性延伸空间。开放式的客餐厅规划，使空间视感更为延伸穿透。客厅沙发的形态运用到最大化，硬式卧榻、大型脚凳与简约皮面沙发的组合，既可以一人独享阅读慵懒之乐，又可十人共享，空间利用最大化却又不觉丝毫拥挤。另外还将大梁面包覆镜面消弭压迫感，以简单的素材及现代风格，呈现最无压的舒适感受。

由电视墙面向餐厅延伸的壁面造型，恰恰定义出私领域的空间，隐形门的设计使之融合于墙面中，除放大空间感外，更让公私领域有明确的界定。深色的大理石在转角与白色烤漆造型结合，是为了转移空间中 90° 角给人的生硬感受，多材质的运用使空间更有层次感。

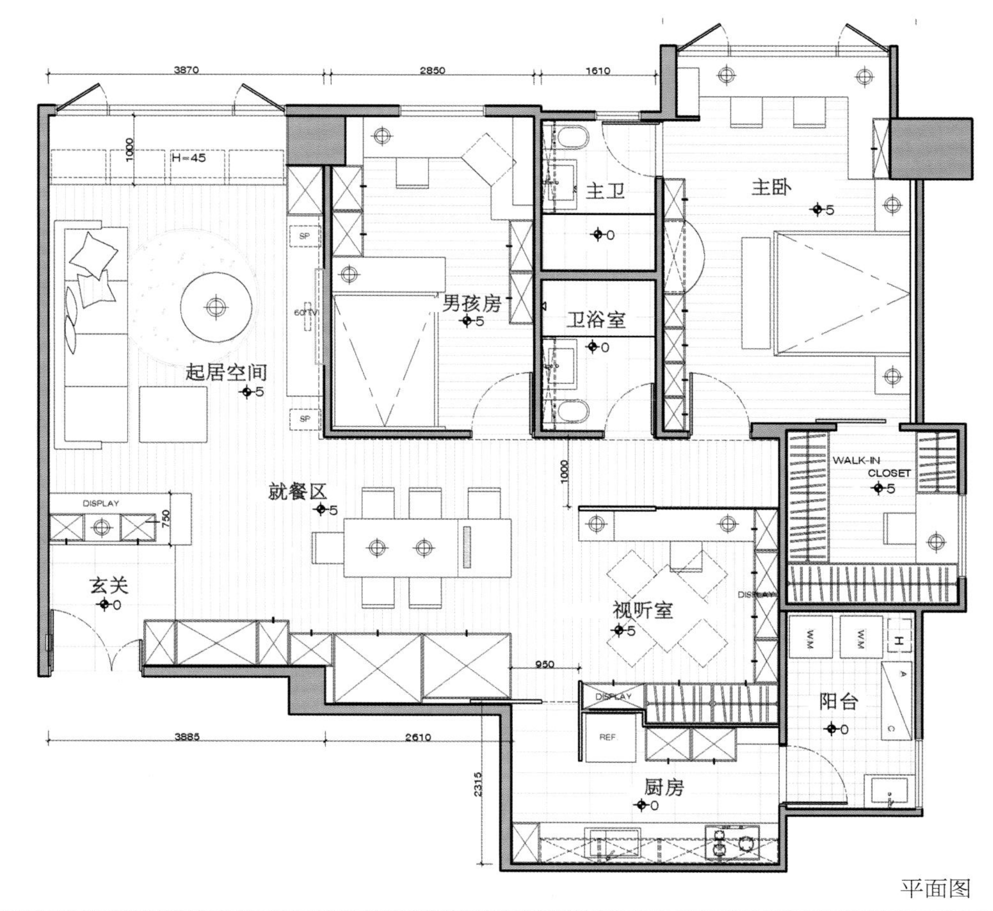
3870
2850
1610
1000
H=45
主卫
主卧
男孩房
卫浴室
起居空间
WALK-IN
CLOSET
就餐区
DISPLAY
750
1000
玄关
视听室
950
DISPLAY
阳台
REF
3885
2610
2315
厨房

平面图

Zhao's House with a View in Taichung

台中总太观景赵宅

项目面积：132 ㎡
设计公司：而沃设计
设计师：陈冠廷
材料：铁件、橡木木皮、石材薄片、喷漆、超耐磨地板

平面图

热爱动物及注重生活品位的屋主，在设计师进场前就已将大部分的家具、电器选定，在造型及材质上都属强烈的现代风格。所以，设计师在整体空间的定位上，融入自然的元素，与现代家具混搭，营造出不一样的现代品位。室内材料上设计师在地面和壁面上应用有明显自然纹理的石材薄片以及橡木皮材料，在视觉与触觉上呈现出原始、自然的粗犷感；天花板的设计则用简洁线条与造型分割，并与家具相呼应。

Mashup Decorating -The Arts House

混搭装置——艺术之家

项目面积：200 ㎡
设计公司：品桢空间设计
设计师：陈膺信
材料：仿清水模、石皮、消光大理石、栓木木皮、铁件、玻璃、钢琴烤漆

本案为三代同堂的家庭，屋主希望营造出具有休闲感的木质空间。设计师通过木建材与金属、仿清水模、玻璃等各种不同材质的完美搭配创造整体空间的舒适感。客厅电视墙采用夜空大理石，特殊的纹路让空间既显稳重又兼具质感。开放式厨房与半开放式的书房设计，不仅让视野更为开阔，空间动线的设计也营造出“放慢生活步调”的氛围。光的穿透是另一个设计重点，不论是书房玻璃或是客房的

半透明拉门，光线的流通与视觉的延伸，除了使空间更明亮、舒适外，也让家人在生活起居间有了更多的互动。生活功能上，玄关设置穿鞋椅，让生活更便利；主卧室则设计有隐秘的更衣空间，可以舒服自在地取用衣物与更衣，而两套客浴皆隐藏在石皮与木材混搭的墙面中，不破坏整体感。设计师通过设计手法与巧思，为屋主打造兼具人文、休闲气息的疗愈系木空间。

平面图

Chen's Residence in Taichung

台中陈公馆

项目面积：170 ㎡
设计公司：天境空间设计
设计师：蔡馥韩、王丽婷
材料：柚木涂装板、米洞石、木作烤漆、进口涂料、复合式木地板、陶砂骨材

玄关处因业主需求放置了一个美丽的海水缸作为端景，给排水则从柜体内侧延伸到阳台处。入口处则将部分厨房空间挪出创造出衣帽间。空间地面铺设木质地板营造出简约的氛围。电视墙采用大面积

米洞石，而石材分割则利用不同纹理及无缝接法，让整面电视墙呈现细腻的设计感。书房处将原本隔间墙拆除，利用柚木格栅门片作为部分区隔，创造能让业主悠闲独处的泡茶空间。厨房转角处的部分开放柜的台面是利用原来屋内的电视墙石材加工处理再利用而得来的。主卧室背景墙使用陶砂骨材营造出原始粗糙的质感。另外，设计师利用柜体的转折空间创造出一个隐秘的更衣小空间。

平面图

Zhu Nan in Miaoli

苗栗竹南

项目面积：140 ㎡
设计公司：元均制作室内设计有限公司
设计师：马恺君

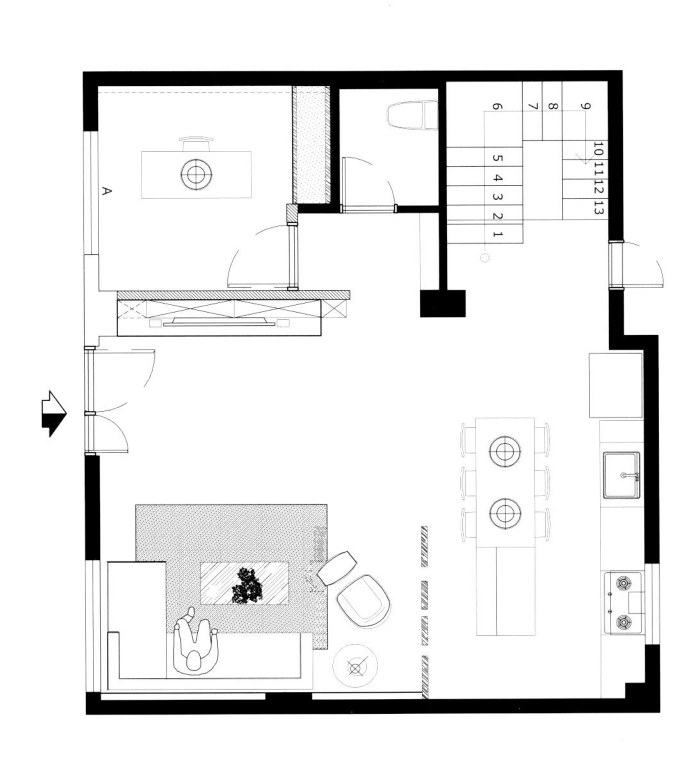

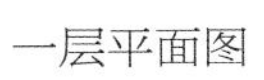
一层平面图

为解决“开门见灶”的问题，本案设计师特地依比例订制了屏风，由木作、灰玻制作的半透明隔断成为餐、厨空间与客厅的中介。

引申、连贯、延续等自然意象是该设计的本质。客厅、餐厅以开放方式表现，延续开阔的地域表情，增强了空间的亲昵互动感受。 客厅设计为整个空间的重心，没有做过多装饰的客厅给人简约、舒适之感；墙面与天花主要以白色来营造空间的主体氛围。简单的木饰面板沙发背景墙让空间的视觉重心下沉。现代中式的餐桌椅也起到了玄关的作用。简洁的木色线条在白色为主调的空间中更为鲜明。爵士白大理石电视墙悬空设计，形成了厚重与轻盈的对比，也丰富了墙面层次。

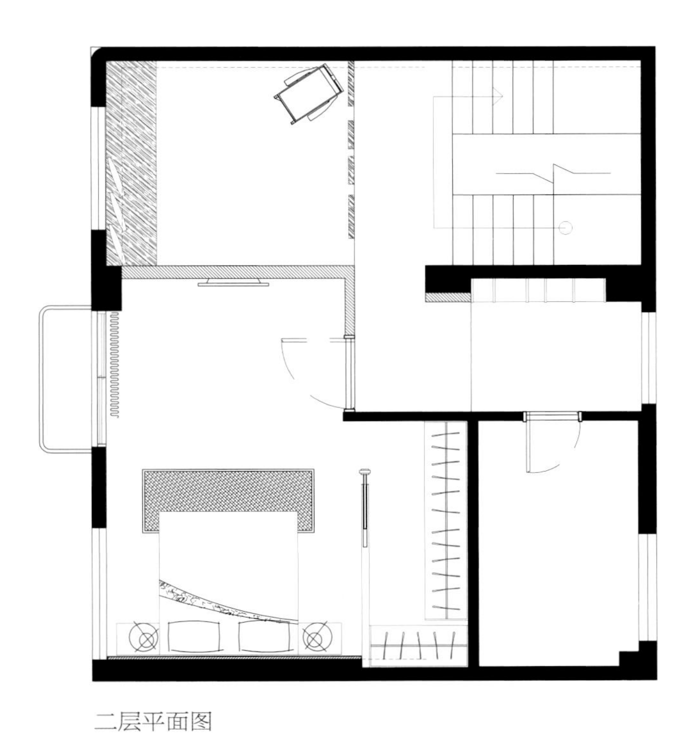

二层平面图

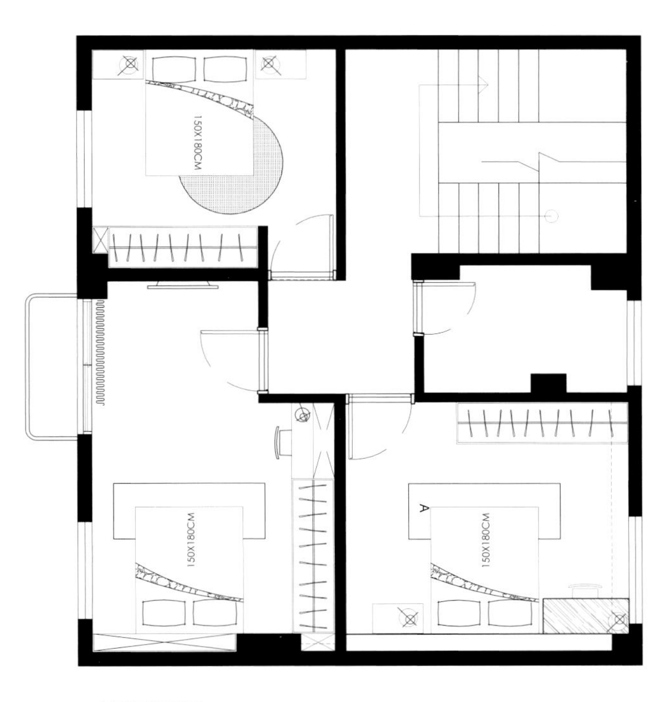

三层平面图

Wang's Mansion in Sanchong District

三重汪邸

项目面积：123 ㎡
设计公司：隐巷设计顾问有限公司
设计师：孟羿彣、许贵雯
摄影师：游宏祥
材料：梧桐木、黑镜、磨砂银狐瓷砖、深灰色火山岩瓷砖、强化清玻璃、白色强化烤漆玻璃、钢索、白色陶瓷马赛克、胡桃木皮染色、北美染黑松木地板

屋主职业为科技产业工程师，喜欢明快的设计线条。此案的是从理性出发由室内空间的硬件线条与软装材质的温润质感所塑造的专属于屋主性格的空间，并适当地融入感性的生活元素加以点缀。设计师认为，一个完美的住宅空间是由五分的硬件装修，加上三分的屋主生活所及的软件配饰，再加上屋主本身“人的元素”，所形成的独一无二的住宅。

玄关端景利用原木错落布置，仅上一层木油，呈现出温润感。地面采用两色的火山岩砖定义出不同的空间属性。因住宅的户型不大，所以屋主买了两户打通，前区的窗户尽可能保留了面积，使阳光能充分地在空间中流转。餐厅跟客厅为共享面积的公共空间，利用天花板直线条的延续性，使得狭长的两个区域有共同的连续语汇，视觉感更舒适，天花灯光设计采用部分的投射 LED 灯光，只针对重点材质面做投射。

墙面采用木板与烤漆板交错搭配，在纹样上参考古典线板样式以一定固定比例重复拼贴，塑造出具有手工艺感的设计造型，从而产生光影的趣味性。沉稳的深色地面、不锈钢墙面餐厅体现出屋主理性冷静的性格，开放客厅与餐厅共享空间，无主墙面的设计，电视不再是主角。卧房以白色搭配原木处理，营造自然、放松的感觉，书房与卧房通透的设计使使用者可以共享空间、亲密互动。

为了使开放式厨房设计更加实用，设计师采用了透明折门。白天室外的光线可以隐约穿透，不用开灯。

餐厅是设计师认为比较有趣的地方，餐桌兼作吧台使用，设计了一个水槽，供平常洗水果、洗杯子使用，不锈钢墙面搭配埋入式水龙头，凸显屋主对于细节的追求。

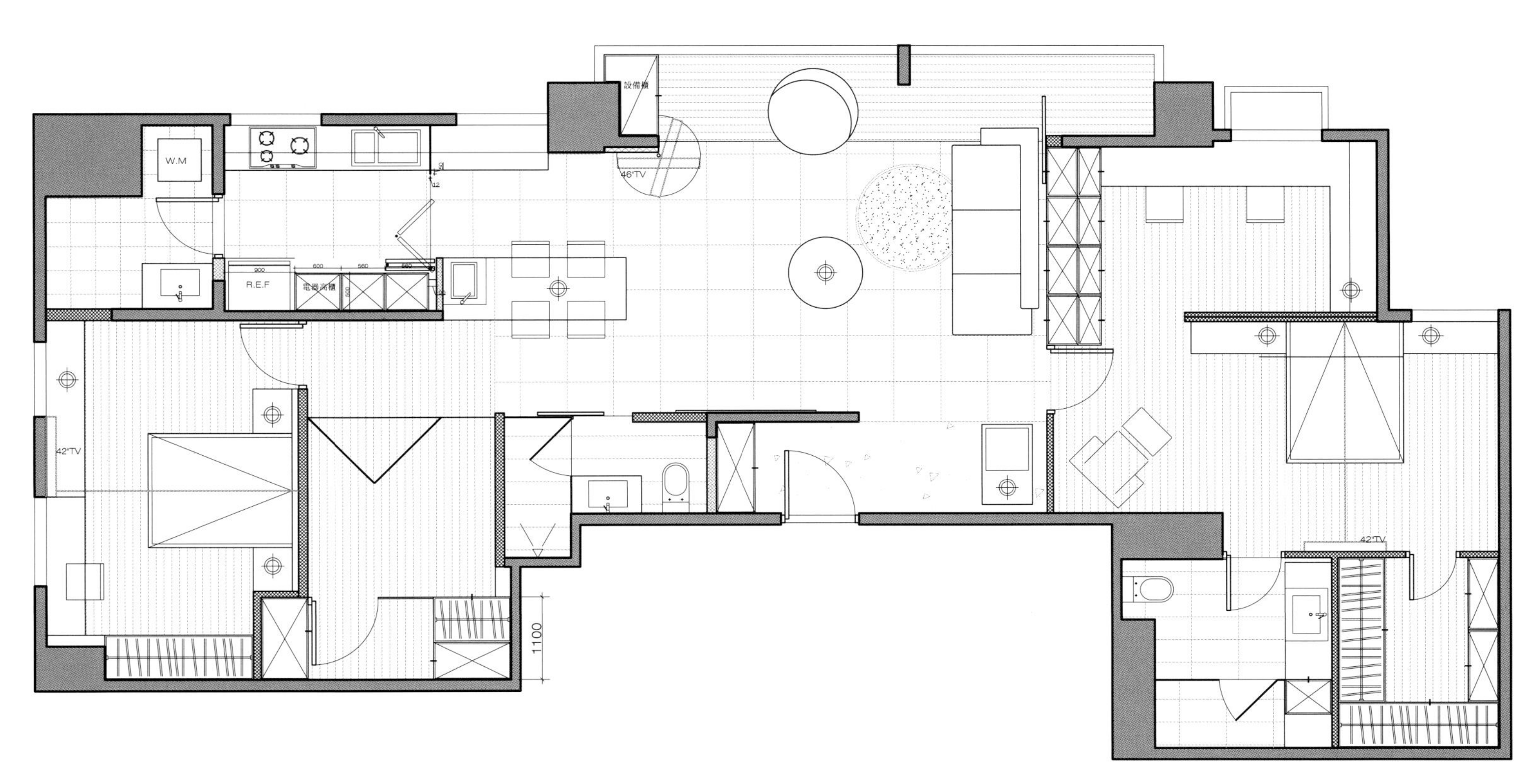

平面图

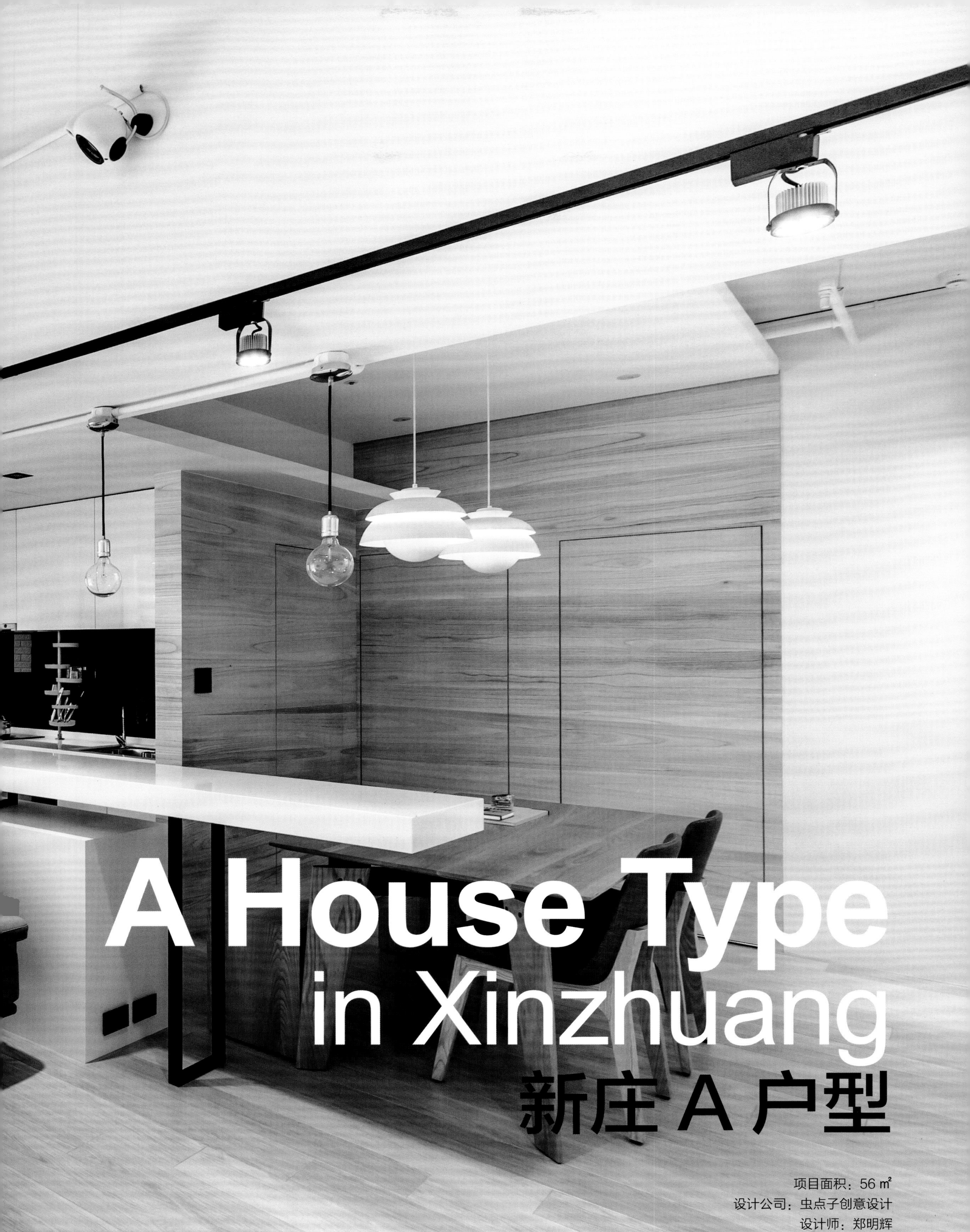

A House Type in Xinzhuang
新庄A户型

项目面积：56 ㎡
设计公司：虫点子创意设计
设计师：郑明辉

本案为 56 m^2 的小面积空间，设计师通过重新进行功能分区后，本案成为两房两厅适宜屋主夫妻带一个小孩居住。男主人性格开朗，喜爱各种有创意的小物件，且要求空间开放。为此，设计师在空间中几乎没做任何隔断，而是直接利用家具来作为空间功能分区的界定中介。开放式的住宅既避免了小空间带来的压抑感，同时也缓解了天花横梁较低带来的不利影响。客厅空间中有相对面积较大的开窗，让室内的自然光线充足。加上室内空间以白色为基调，整体看上去更加明亮、舒适、整洁。

公园的大面窗景、电视主墙以铁件创造白色大理石材的悬浮表呼应书房背景墙铁件纵向支撑的木质人文气息书墙，穿插一抹趣味切割，这就是本案为年轻夫妻设计的居所。

能方面，开放的空间格局中，明确地创造功能空间与收纳场所是设计的一大重点，设计师利用增设储藏空间的巧思，改善原先开门后便一览无遗的情况，以转折的动线，创造明确的玄关、餐厅空间，亦增加了空间中的收纳功能。

风格上，通过黑、灰、白单纯的色调，与风化木清浅的温馨气息，再加一点低调的不规则设计，于现代、利落的时尚居所内，营造出一丝活泼、青春的质感表情。

Wu's Residence

吴公馆

项目面积：132 ㎡
设计公司：京彩室内设计
设计师：王立峥
材料：梧桐风化木、石材、大理石、超耐磨木地板、
烤漆玻璃、灰镜、亚克力喷漆、铁件、橡木木皮

平面图

ALSO
ALSO
Madame
Madame
Madame

FURNITURE
DESIGN
IDEA
BOOK
08
ALSO

CINDERELLA
CINDERELLA

Xu's Residence in Nei-hu District

内湖许公馆

项目面积：152 ㎡
设计公司：耀昀创意设计
设计师：蔡昀璋
材料：LED、木地板、德国矿物无毒漆

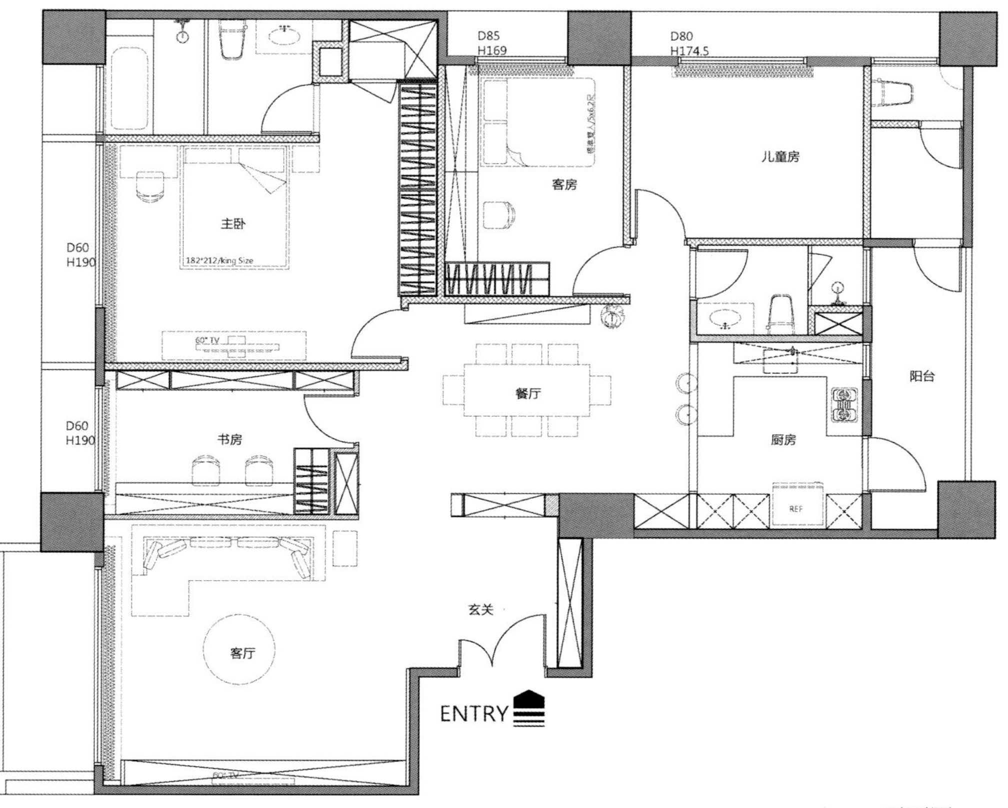
D85
H169
D80
H174.5
儿童房
客房
主卧
182*212/King Size
D60
H190
餐厅
阳台
D60
H190
书房
厨房
REF
玄关
客厅
ENTRY

平面图

WALL STREET

本案位于台北市内湖区，是一套四室两厅、152 m^2 的新房，休闲风的设计让从事金融业的屋主能在回到家后，彻底放松。一走进屋内，一整面白色收纳柜映入眼帘，部分镂空的设计有效地减轻了体量感，书柜和电视墙结合的设计，上面摆放了书籍和屋主收藏的单品，充分展现屋主的品位。客厅的落地窗外，是都市少有的阳台，阳台摆上绿色植栽，将自然绿意引进屋内。走进餐厅，深色的灯饰和浅色系餐椅、木地板相映成趣，挂在墙上的舞台剧海报让餐厅也具文艺气息。主卧内，浅色系基调搭配造型简洁的家具，让人在里面彻底放松；儿童房则不做多余设计，仅在墙上装饰可爱的动物图案，让孩子有个快乐、完整的空间。

Dream

Scenery is Beautiful

景美

项目面积：110 ㎡

设计公司：元均制作室内设计有限公司

设计师：马恺君

本案为开放式格局、自然媒材的共构。

设计师通过天然材质、重划格局、统一颜色、和谐比例等，有效地规划安排，消弭原始格局当中严重的壁癌、漏水、采光不佳、动线局促等恼人问题。格栅介质的应用，引导光影变化。

在区域之间的界定上不需做太多实墙的界限，避免影响视角的穿透感受以及造成局促感；所以开放性的设计方式，也成为促成空间开阔的必然选择。细节设计，服务生活，细节体现美，也提供生活上的便利；空间中的搁板设计、柜体安排等都解决了空间收纳问题，也让空间保持整体格调统一。整体设计上，设计师以木饰面板结合白色乳胶漆的设计，营造出和谐、自然的家居氛围。

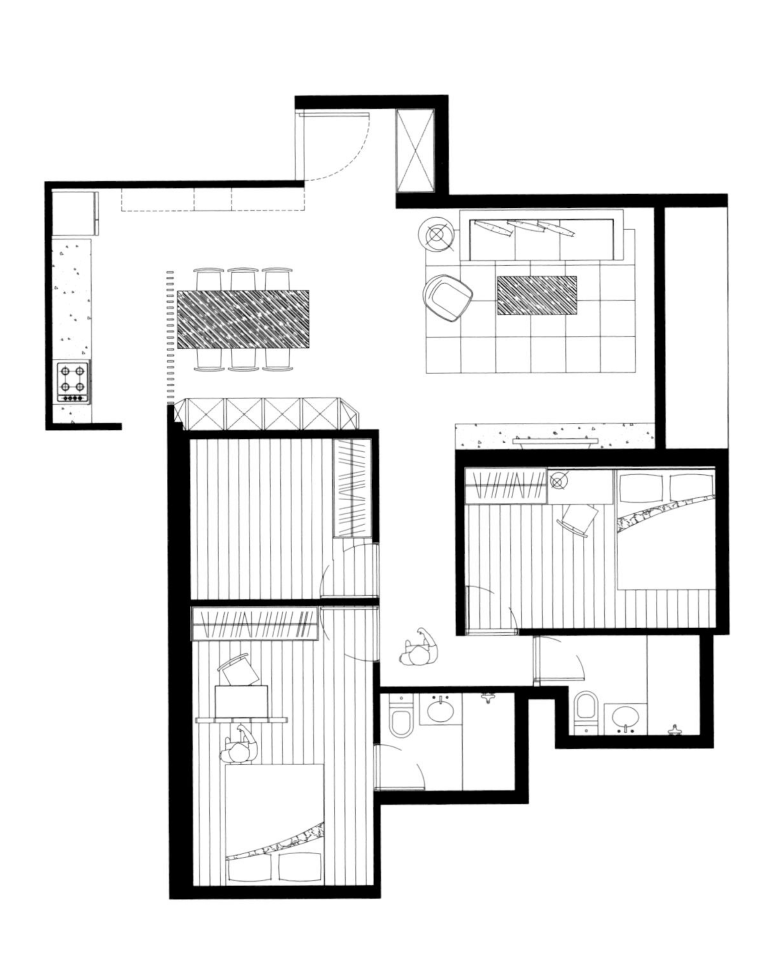

平面图

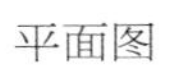

Hou's House in Xinyi District

信义侯宅

项目面积：120 ㎡
设计公司：近境制作设计有限公司
设计师：唐忠汉
材料：木皮、烤漆、石材、铁件

遇境

本案环境特色在于玄关入口对面的一整片绿带，为了将景引入室内，在玄关处设置转折的清玻，把绿带投映在清玻上，延伸至室内成为端景。

滞留

轴线将整个空间连接起来，而动线产生一种空间转换的连续与停留。

感官

光影变化呈现空间的时间性，加上错落空间中的量体对象的串联，让空间富有层次感。低饱和度的灰色是整个空间的主色调，唯有影子的轻，才可撑起色调的重。

框形

量体框边形成的边缘变化让光影产生律动，使空间立面产生连续性，框边天花因重复性产生了流动的光影。

实存

隐藏的十字轴线暗示空间的界定，坐落在 X 轴上的量体，围塑出生活场域，而 Y 轴上的量体相互组合，引导整个空间序列。

量体上的开放柜，重复上下错落，产生动与静的对话。

复述

空间若没有光影、色彩，就像失去生命一样，缺乏精神和活力。

光线和色彩是空间创作的重要手法，借助光影和色彩来传达思想和情感，以引起居住者的共鸣。操作方式是令光影变化与居住者行为产生相关性与互动性。

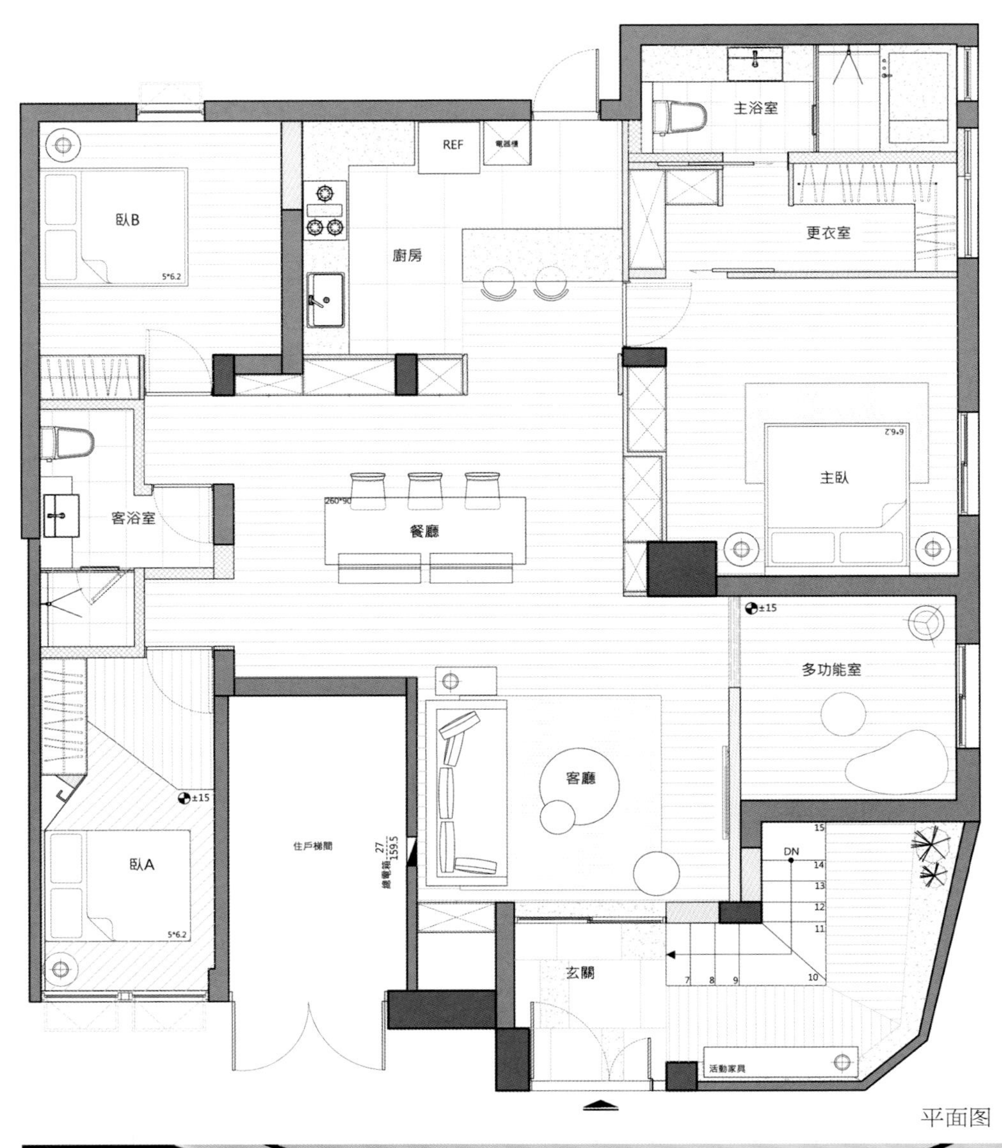

平面图

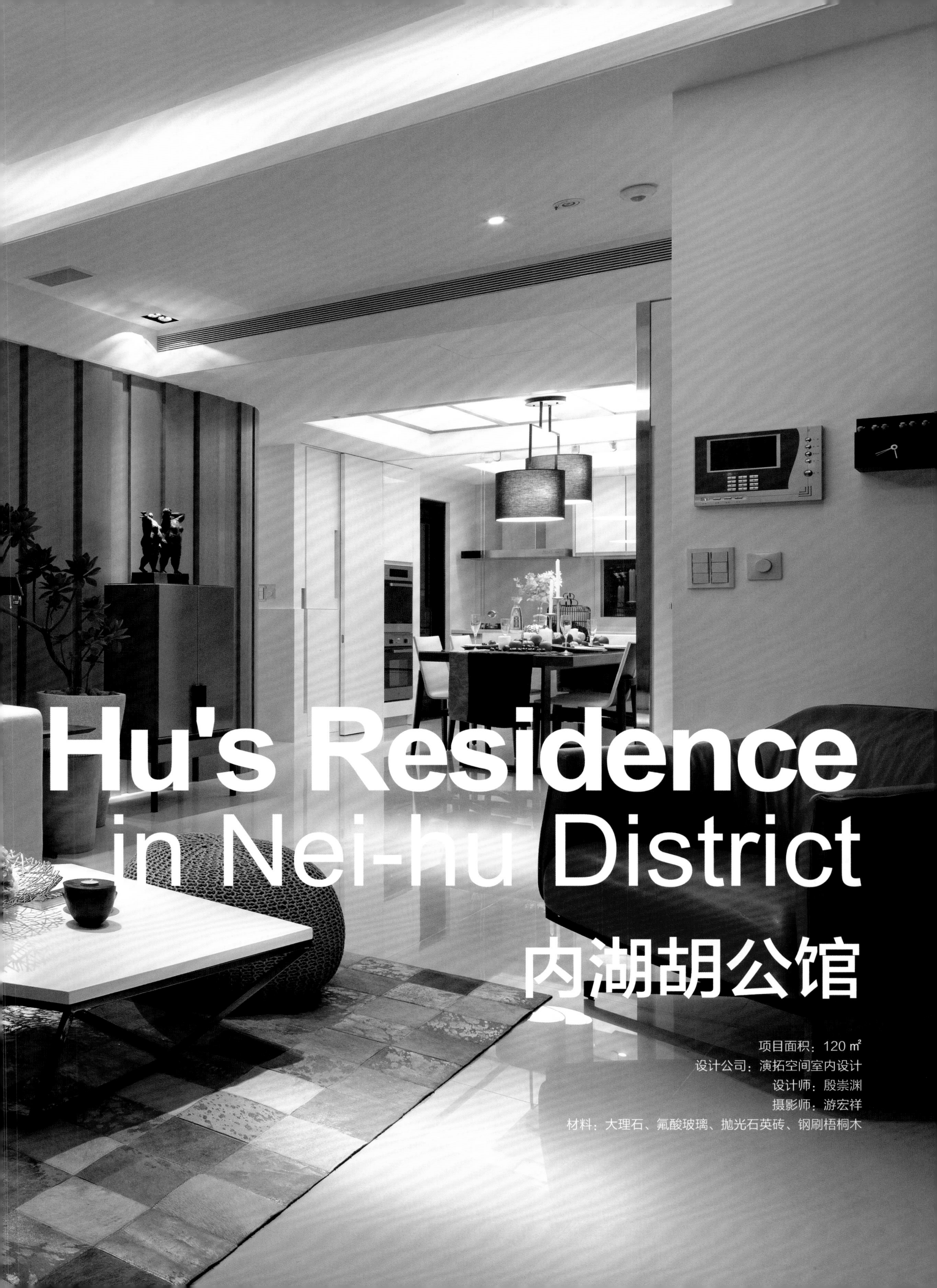

Hu's Residence in Nei-hu District

内湖胡公馆

项目面积：120 ㎡
设计公司：演拓空间室内设计
设计师：殷崇渊
摄影师：游宏祥
材料：大理石、氟酸玻璃、抛光石英砖、钢刷梧桐木设计师希望将公共空间感放大，因此在格局上稍做调整。客厅深灰色系沙发背景墙，搭配黑白色系画框让空间显得沉稳，精心选用的家具软饰让空间看起来舒适且雍容大气。电视主墙选用氟酸玻璃，让视线可聚焦在电视墙面上，又区隔出书房与客厅空间。

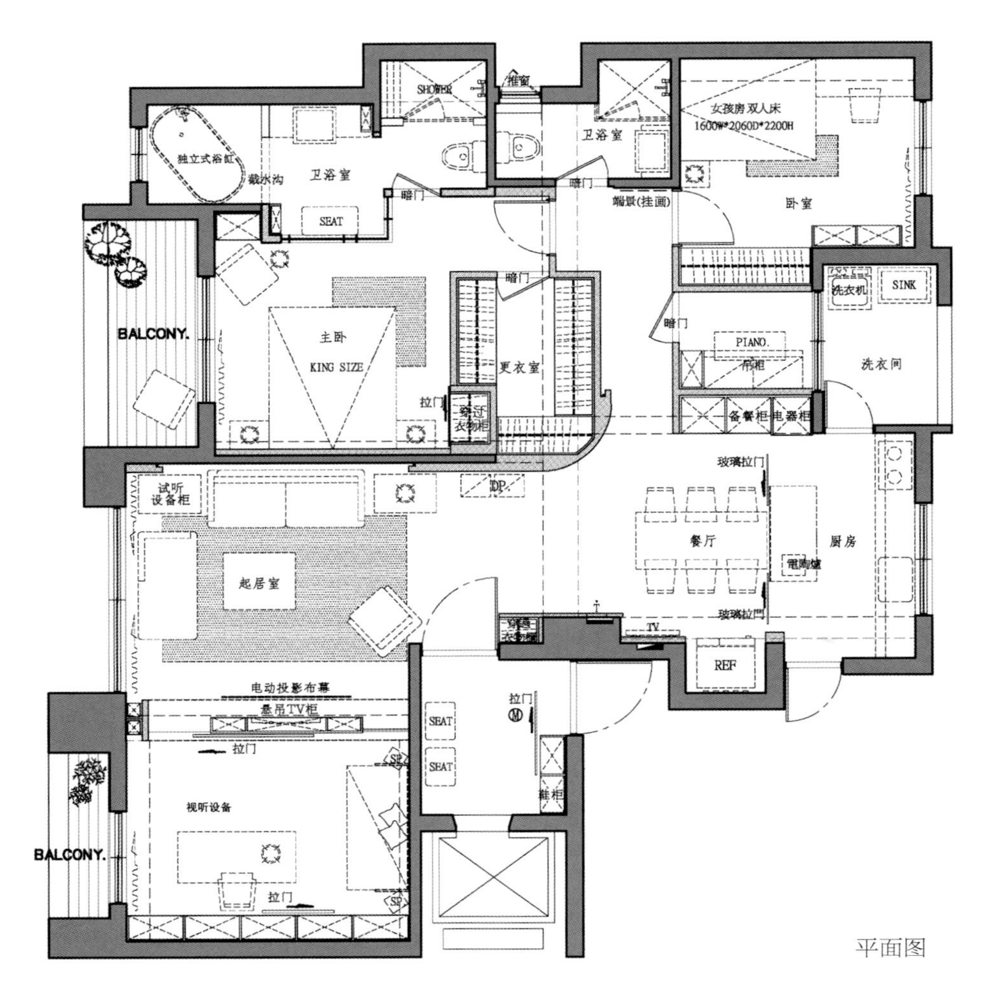

平面图

Wu's House in Ruian Street

瑞安街吴宅

项目面积：165 ㎡
设计公司：奇逸设计
设计师：郭柏伸、曾雅萍
材料：人造石、大理石、三孔陶砖、工字铁件

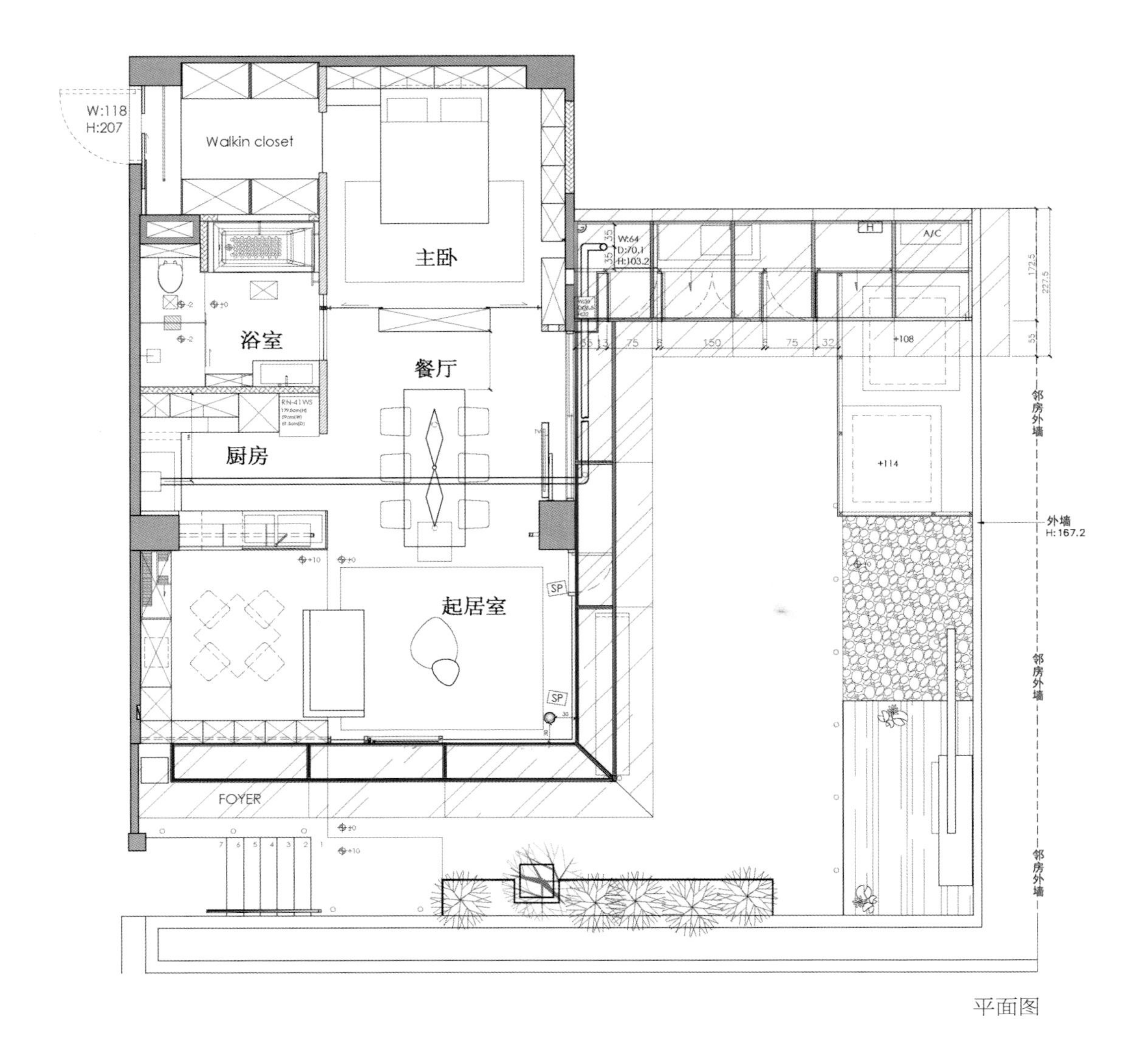
W:118
H:207
Walkin closet
主卧
浴室
餐厅
厨房
起居室
FOYER
A/C
外墙
H:167.2
邻房外墙
邻房外墙
邻房外墙

平面图

业主为单身贵族，是一位企业经理人，经常出差，因此希望能有一个让她完全放松、休息的家，也希望邀请朋友来家中时既有开放的空间使用，又能保有隐私。业主喜欢开放式厨房，喜欢下厨，希望能利用户外空间并与室内连接。业主喜欢收集与马相关的事物，有非常多的收藏品，希望能有展示的空间。

设计师创造无界空间，虚化室内外的界限，创造自然窗景，延用原建筑外观二丁卦红砖，使用与其接近的材料防水空心红砖，让视觉延伸，空间加大，风格朝向为带有工业风的现代设计，略有个性的风格，符合业主喜欢与众不同的感觉。虽然位于略低于地面的位置，设计师希望能制造出走下阶梯也如走入一个世外桃源的感觉。

B House Type in Xinzhuang

新庄 B 户型

项目面积：76 ㎡
设计公司：虫点子创意设计
设计师：郑明辉

本案是一个 76 m² 的小空间，屋主是一名医生，带一个小孩，平时工作较忙，因此希望空间更加温暖，也想让空间看起来更大。 空间原格局方正，但层高较低，这也给小面积空间带来了不利因素。

设计师通过简单材质的重复利用让空间元素更显简洁，使空间给人的视觉感受也更加纯粹、舒适。 空间细部设计中，统一木皮整合的电视墙及房门让视觉上更完整、统一，也起到了延伸视觉、扩大空间的作用。 主卧室的拉门及电视拉门是施工中最大的难题，因为必须事先和水电师傅讨论好如何预留管线及保证日后维修的便利性、安全性。设计师经过现场的无数次讨论，最后设计了弹性的拉门，既解决了以上难题，也让空间可随时变化。

Lin's House in Fudu

府都林宅

项目面积：201 ㎡
设计公司：诺禾设计
设计师：萧凯仁、李彦庆、翁梓富、张家翰
材料：铁件、木皮、木饰板、海岛型木地板

业主很喜欢木头给人的温暖及放松的质感，因此在一开始设计这个案子时，设计师就是以木头为概念进行构思，设计过程中则找出多种木材来互相搭配，通过各种木纹的拼贴，强调木材的肌理质感及木材颜色不均匀的层次变化，营造出一个自然的、没有压力的、放松的居住空间。

业主将位于台南的这座老屋改建作为度假用途的空间，不爱华丽的装饰，只单纯运用媒材散发出的质朴，形塑出简练的空间质感。

玄关处以雾面玻璃搭配实木材质，异媒材的结合交织出和谐的视觉美感；开放式的客餐区，搭配大气、简约的中岛吧台，动线流畅的室内空间，让利落的空间设计，有了丰富层次的视觉美感；厚实的电视木墙为空间中的增添了暖意，搭配明亮的采光，让空间的美感令无压的居住空间美感四射；起居空间通过浅色系的墙面，再装点深浅不一的木块，通过不一样的肌理质感，散发出的自然疗愈，成就了一处最适宜的度假天堂。

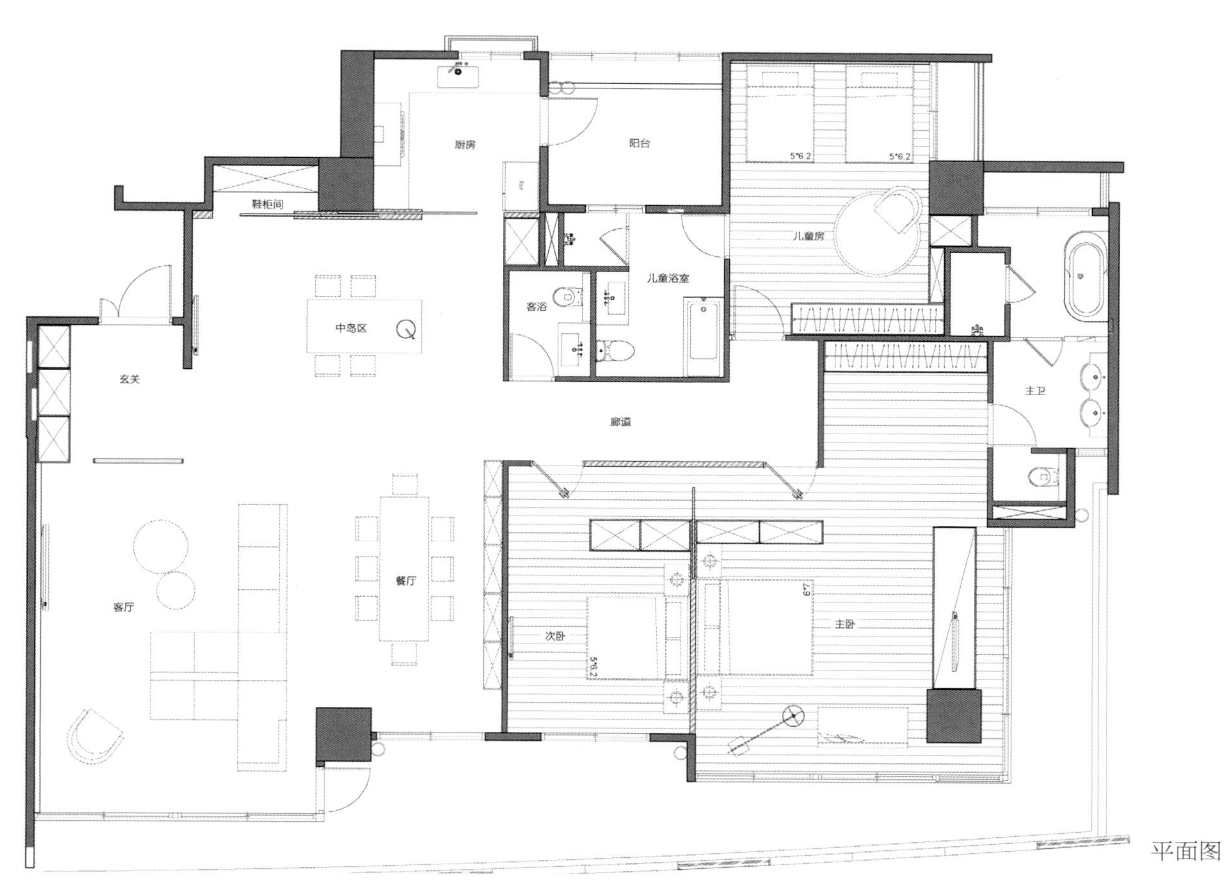

平面图

Guo's House of Mingshuili in Dazhi D

大直明水醴郭宅

项目面积：53 m^2
设计公司：天境空间设计
设计师：唐忠汉
摄影师：SAM
材料：白橡木皮、不锈钢、烟熏橡木地板

重叠元素

设计师试图用重叠的空间元素，在一个微型尺度的空间中，重组出生活的模样。在 53 m^2 的空间里，设计师运用空间使用的重叠性，企图将生活的元素进行多层次的使用。

吧台元素既富于餐厅既富于厨房，亦是生活的主体；卧榻元素是沙发是卧具，亦是生活的角落；层柜元素既可展示又可储物，亦是生活的记忆。空间元素原是单一的，依着空间的属性、多层次的交叠，组合出空间功能的各个面向。利用低调的色彩、堆叠的量体，设计师试图统一元素的基调，寻求空间的一致性。并依使用功能的不同，丰富了空间的可能性。

空间的入口以层的概念来表现量体。“层”是光影赋予的表情，借

由量体堆叠自然产生深浅层次的变化。厨房与餐桌及客厅安排于同一轴线上，隐喻出小空间配置性的多样可能。通过高矮不同量体的排列，增加空间的多样性及层次变化，界定也模糊了不同使用的空间次序。

立面上，刻意以灰色让无须被强调的部分，隐没于视觉之中。适当加入灰色调，为视觉的轻与重之间找到平衡。私人空间及公共空间隔断采用反射较高的不锈钢材质，让光线得以释放，让空间的颜色更加纯粹化。反射的灰、黑及白色调质感，借由不同深浅的灰色及黑白彩度，呈现空间真正的表情，以体现生活的宁静。

KELLY HOPPEN HOME
KELLY HOPPEN HOME

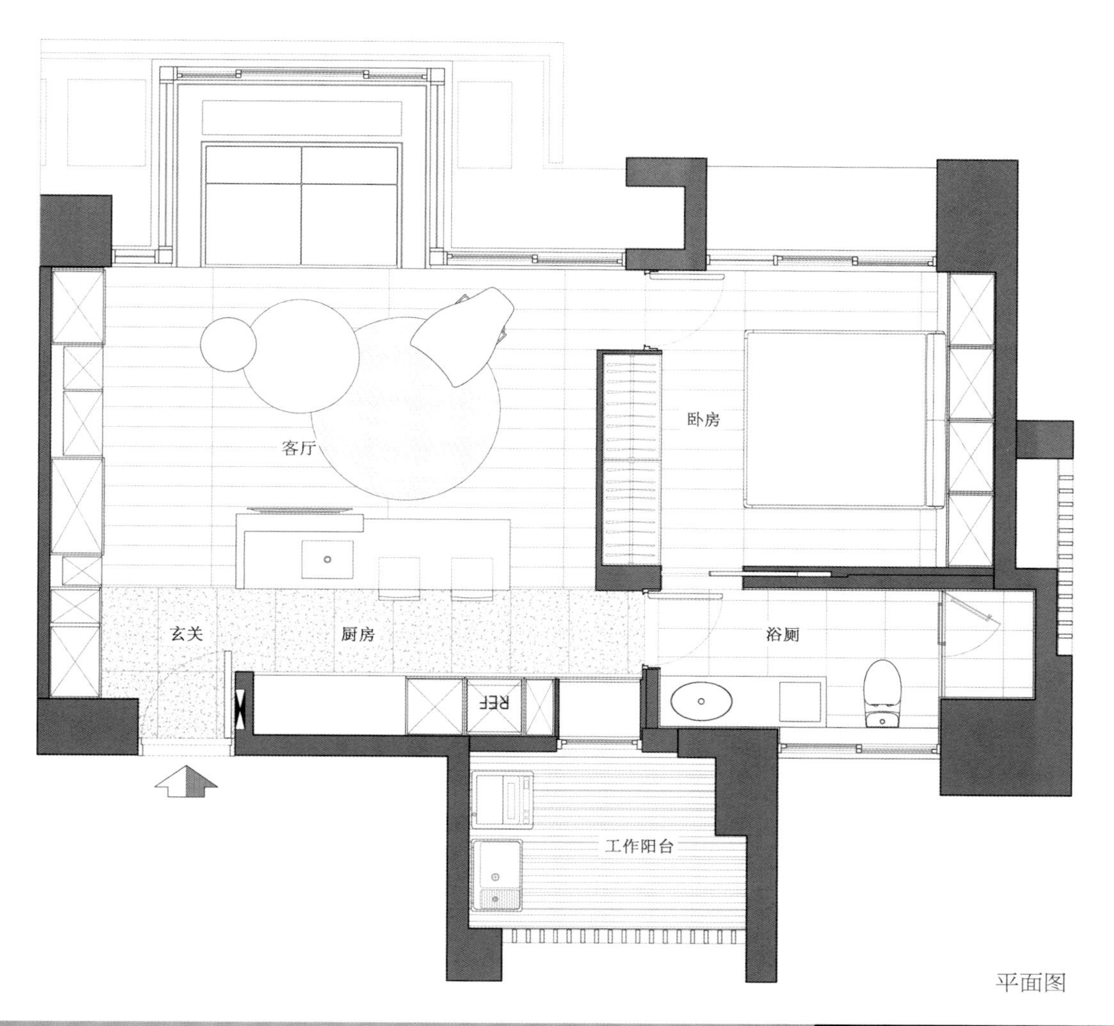

平面图

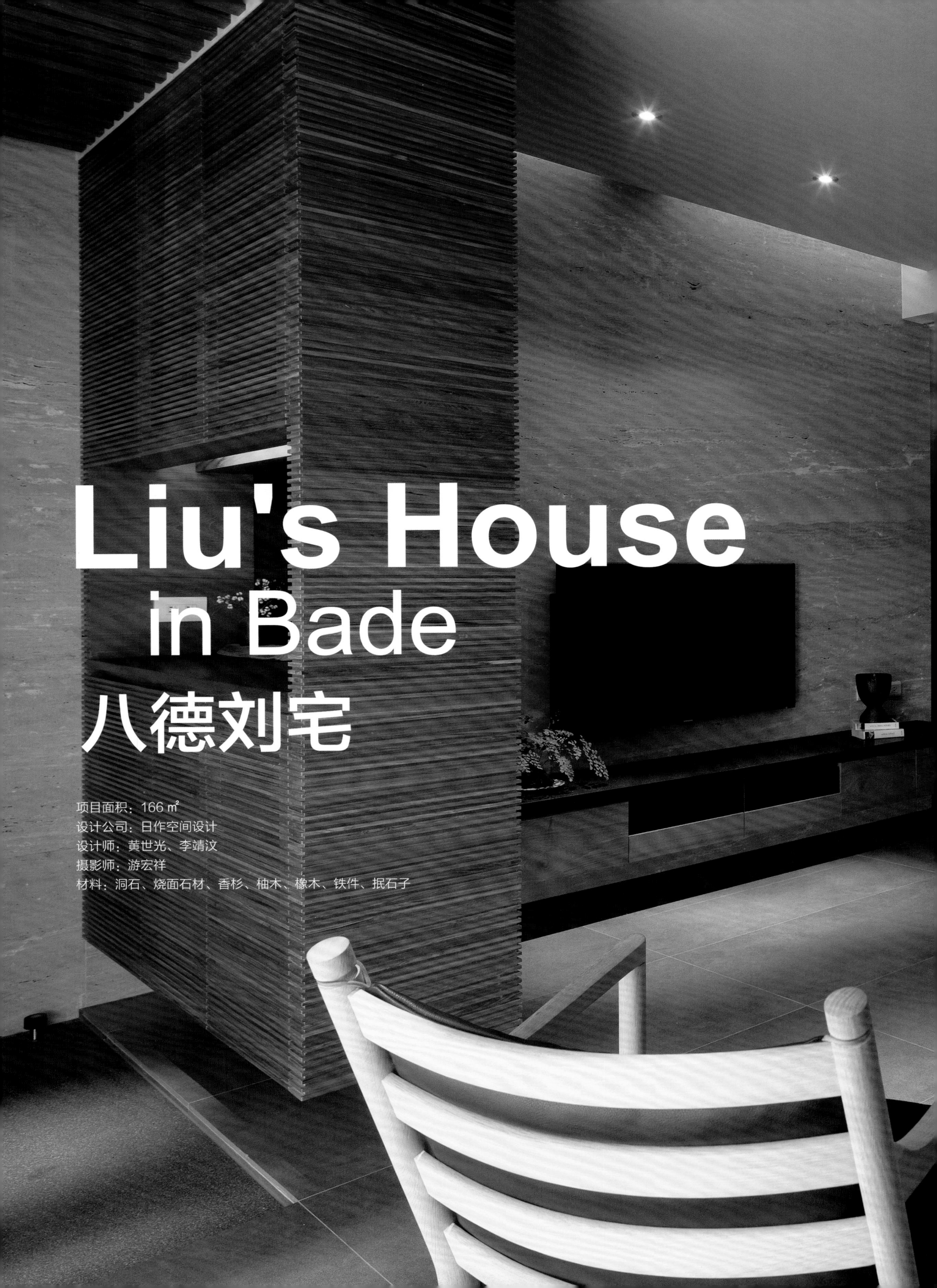

Liu's House in Bade

八德刘宅

项目面积：166 ㎡
设计公司：日作空间设计
设计师：黄世光、李靖汶
摄影师：游宏祥
材料：洞石、烧面石材、香杉、柚木、橡木、铁件、抿石子

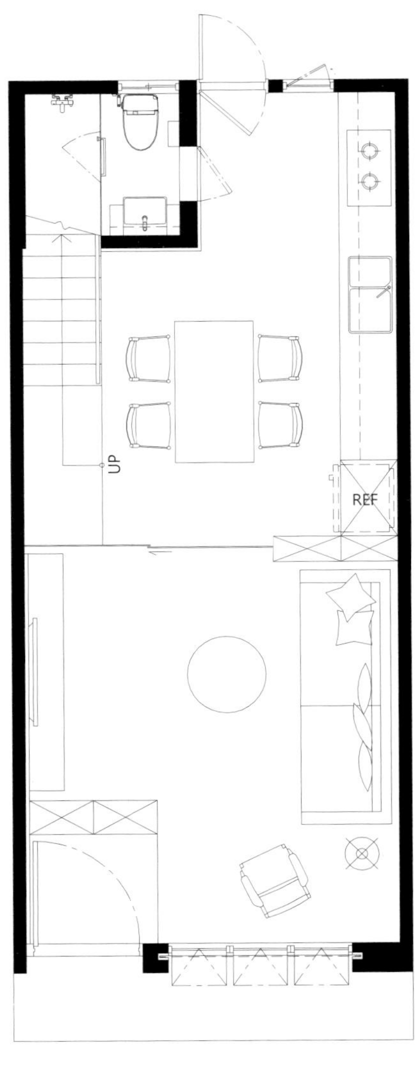

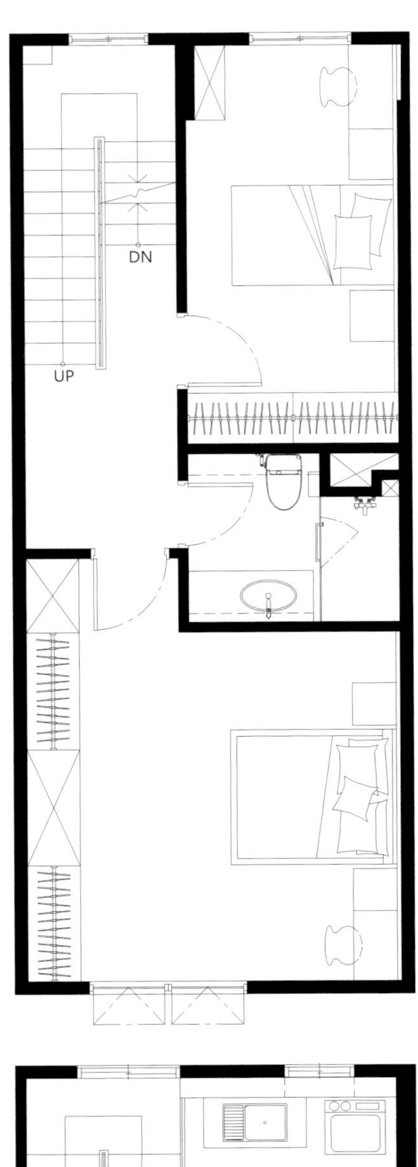

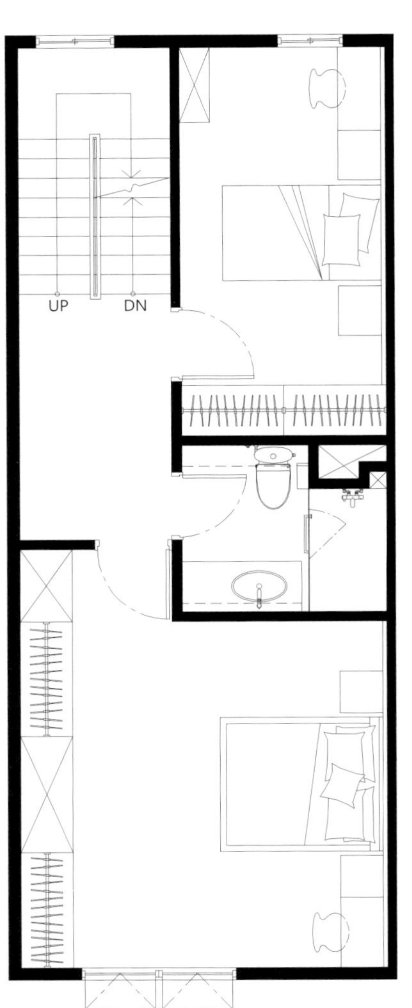

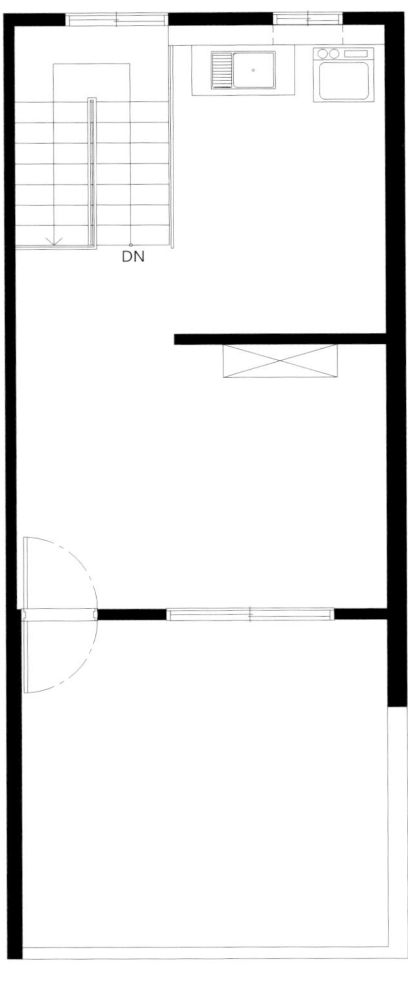

平面图

三十年老透天，三个月大改造。

门窗大改，管线重拉，外墙拉皮，格局翻转，设计师还特别新设独立管道间。

为了达成本案的高标准，每一张木皮、每一块材料都经过反复挑选纹理色泽。即使是墙面或门片的张贴顺序也都经过事先安排，以满足业主期盼的自然质感。

唯一可惜却也无法克服的是仅容一人通过的后巷太窄，无法导入南向阳光给后方的厨房。

业主夫妻及一对儿女长期居住于美国。由于想回台定居，女主人预计今年会与儿子先行回台入住新家，偶尔接妈妈同住共享天伦。另外因女主人工作需求，需要一间独立开放式的书房，保证其工作时不被打扰的同时又不封闭，增加工作时的愉悦心情。

此案为独栋别墅，位于顶楼位置，四周无高起建筑物及遮蔽物，在充足的光线及周围绿意的围绕下，散发着迷人的气息。而空间内最特别之处在于基地本身的斜屋顶及钢构钢梁系统。此特性带给此案子最与众不同的表情，不仅实现挑高的天花，原始的天窗设计更是增强了独特性。此案虽然提供优异的条件，但在操作上如何保有空间特性，并能满足业主使用需求上的隐私感及提供完善的功能设计，以及融入周围环境，综合各空间条件则是一大挑战。

顺应空间本身的条件，全案以 1/3 的概念着手进行。以公共空间为

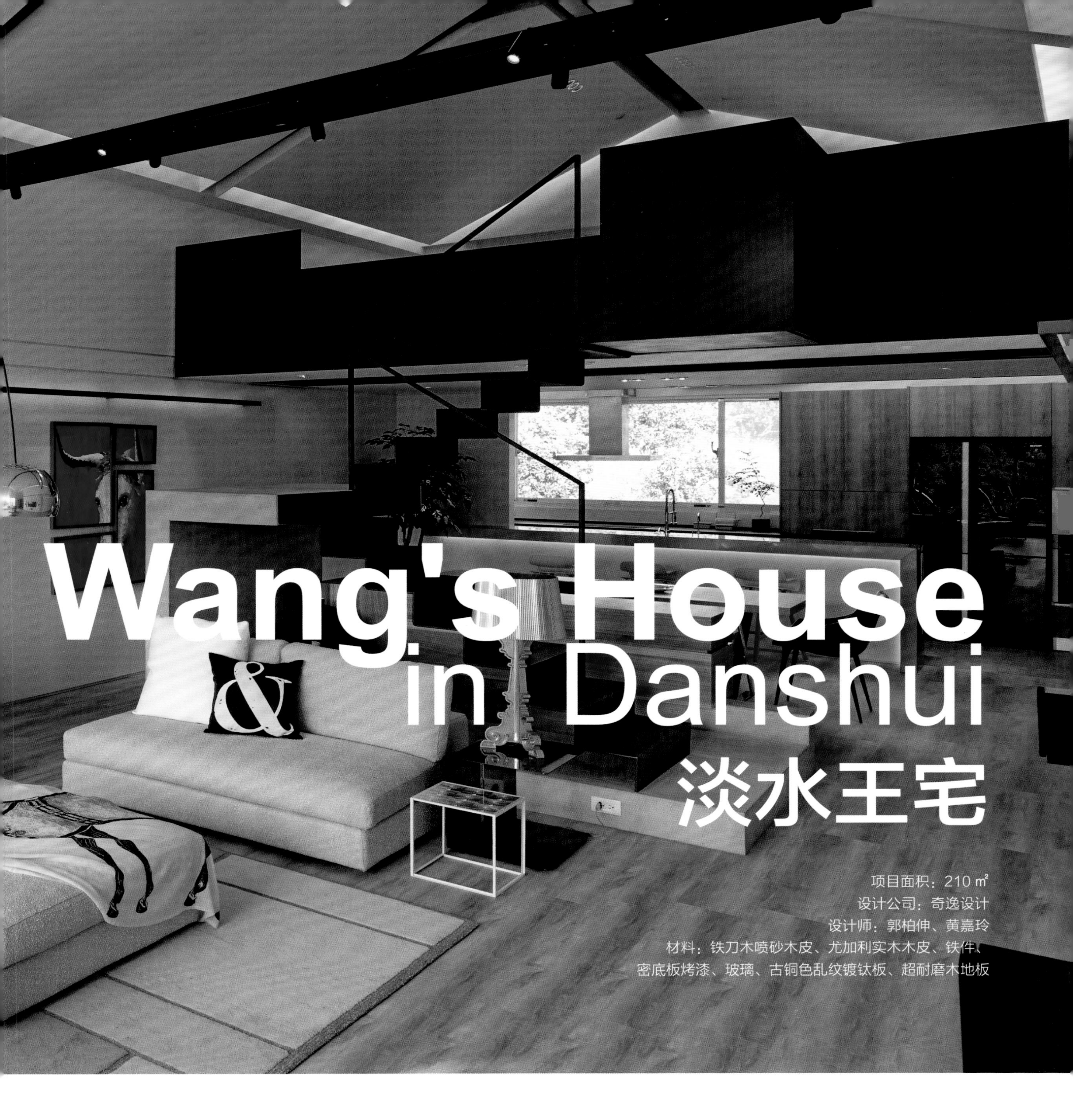

Wang's House in Danshui

淡水王宅

项目面积：210 ㎡
设计公司：奇逸设计
设计师：郭柏伸、黄嘉玲
材料：铁刀木喷砂木皮、尤加利实木木皮、铁件、密底板烤漆、玻璃、古铜色乱纹镀钛板、超耐磨木地板

中轴，划分出主要空间及次要空间。业主夫妇的生活空间包含的主卧室、主卧浴室、更衣间及书房，各功能空间独立完善但在动线及视觉上却又保持穿透不隔绝。公共空间如客厅、餐厅、厨房采全开放设计，由楼梯担任整个公共空间的视觉主角，巧妙隔开客厅及餐厅，并维持整个公共空间的穿透感。楼梯上方的天窗设计，天气好时为空间注入阳光，随着光影变化与楼梯的线条交错，形成有趣的几何图案。

本案保留原结构的钢梁系统，将之融入天花板的设计中，并采用不包覆的方式，使之完整呈现，与纯白的天花板形成强烈对比，但视觉上却不冲突，更加深了钢梁线条的利落感，让精致的设计散发出些许的工业感。

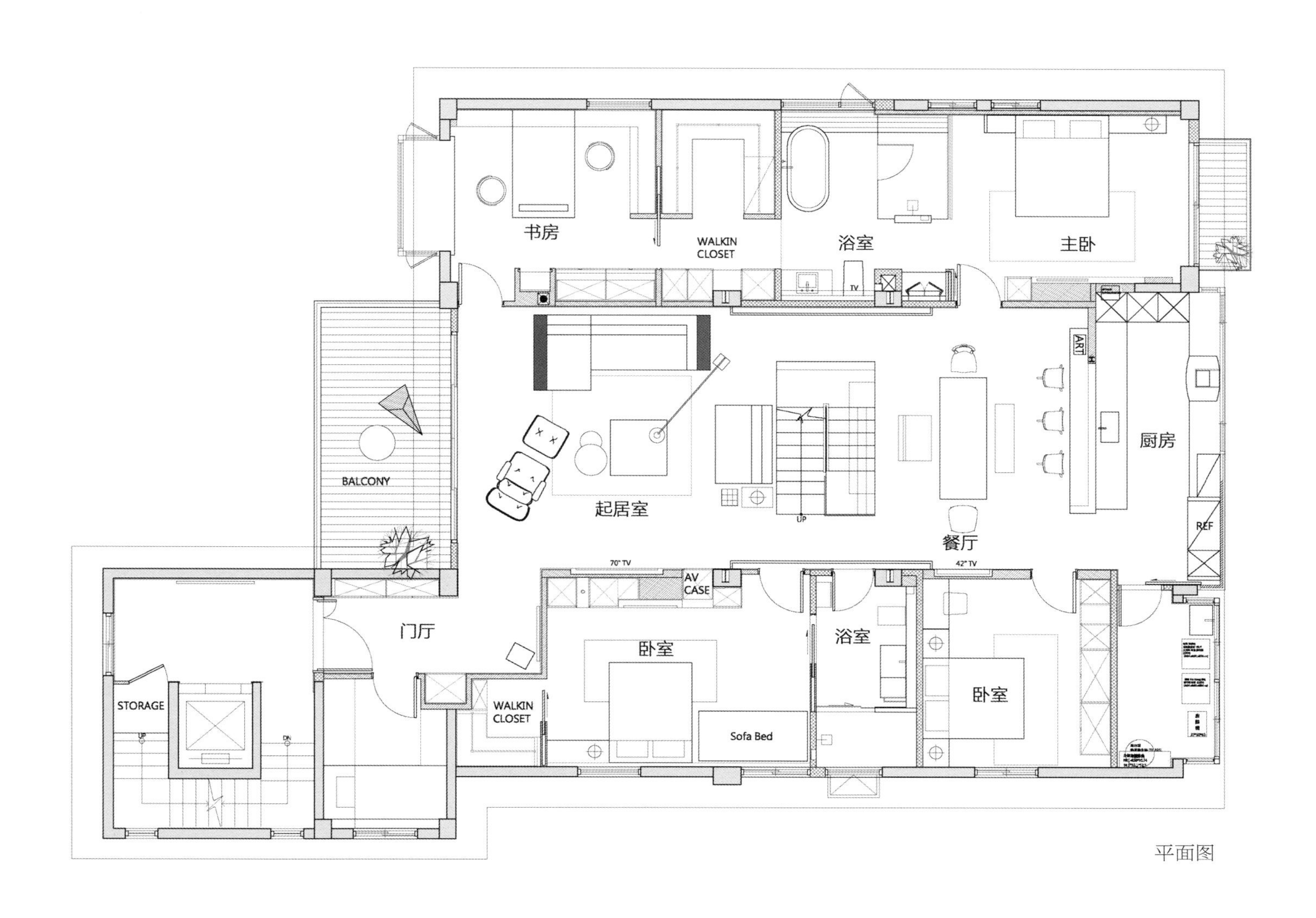
书房
WALKIN CLOSET
浴室
主卧
BALCONY
起居室
餐厅
厨房
ART
REF
70" TV
AV CASE
42" TV
门厅
卧室
浴室
卧室
STORAGE
WALKIN CLOSET
Sofa Bed

平面图

Yang's House in Songshan Street

松山路杨宅

项目面积：82 ㎡
设计公司：甘纳空间设计工作室
设计师：林仕杰、陈婷亮
摄影师：游宏祥
材料：实木木皮、铁件、超耐磨木地板、玻璃、硅藻土、特殊色、水泥粉光

平面图

本案以自由、简约为主旨，整体空间减少隔墙，需要时改用滑轨门片，让客厅、餐厅、卧房在开阔通透与空间层次间交错展开。色彩方面，屋主特意挑选各种不同颜色的家具摆饰，设计师对应以温润的各阶灰色、雾香色为背景，辅以合宜的色系配比和适度的色彩点缀，让颜色在空间中适得其所，有挥洒的着力点。

雕花线板的运用是设计师跳脱简约框架融入的惊喜，主卧室中以线板组成的衣柜，漆上亮眼的蓝绿色，辅以古铜色把手平衡色调；客用浴室的门板及镜框，也采用雕花线板，分别漆上荧光绿与橘黄色，活泼地区分出客用浴室。线板及色彩的应用都融合在混搭冲撞之中，赋予被定义的风格语汇崭新的活力。

设计依屋主需求，宽敞的家居空间中，大方显露许多家具细节、电器等，不刻意隐藏，设计上亦倾向利落且不刻意的雕琢，譬如减少木作，应用材质的原生质感，电视主墙铺上有调节湿度功能的硅藻土，并保留其纹路质感；照明方面则减少间接照明的使用，采用轨道灯、吊灯、壁灯等。

The House in Xinzhuang District
新庄某住宅

项目面积：120 ㎡
设计公司：逸乔室内设计
设计师：蒋孝琪
材料：喷漆、橡木钢刷木皮、胡桃木皮、铁件、烤漆玻璃

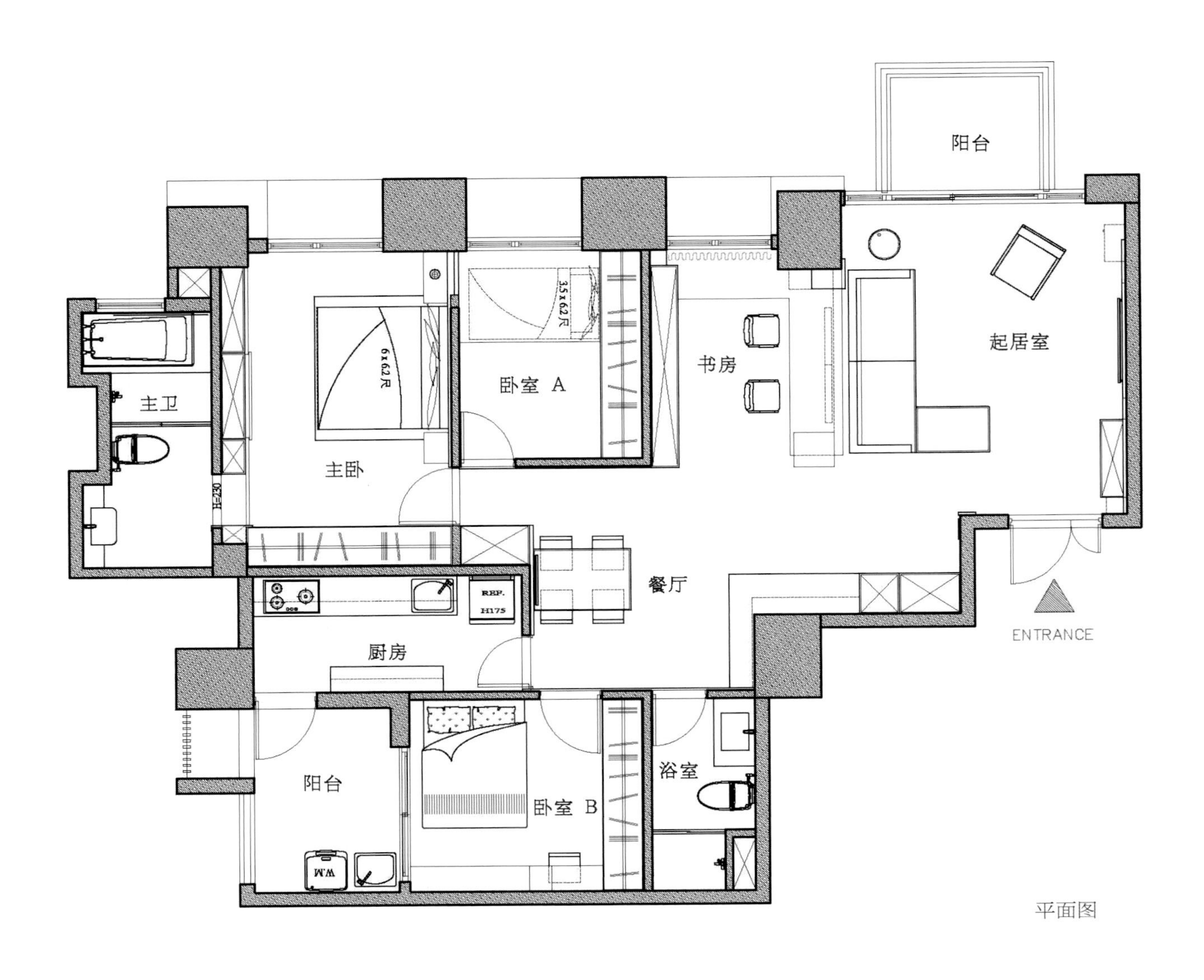

平面图

本案空间并不大，但设计师通过有效的动线、合理的格局布置，加上明亮色系的色彩选择，展现出一个轻快、舒适的家居空间。

空间布局上，入门即是客厅，设计师通过蓝色椅子在灰白色系的空间中的跳色处理来进行化解，同时纯白色的悬空多功能柜也带来了量体的变化，缓解了穿堂煞带来的不利视觉。

由于空间单面采光，设计师把原格局中的餐厅与书房调换了位置，以保证书房空间能获得足够的自然光。白色的柜体设计实际收纳功能强大，也呼应了过道上的储物柜设计。

空间色彩间的搭配均衡，细节上的设计贴心、得体，使整个空间给人以朴实而不失高雅，多而不乱的空间体验。

Yang's House in Tao Garden

桃园杨宅

项目面积：90 ㎡

设计公司：甘纳空间设计工作室

设计师：林仕杰、陈婷亮

材料：人造石、实木木皮、铁件、玻璃、喷漆

MY GUN

平面图

推开大门映入眼帘的是端景墙，墙上挂着一幅充满活力的画，在腰际位置设计层板可放置小盆栽，是屋主的巧思，玄关左侧的 L 形小中岛台面，刻意延伸至柱体，中岛连接厨房区与用餐区。玄关右侧，规划固定的长凳，延伸至室内。

玄关右转先看到的是餐桌与书桌两张长形桌子并在一起，而不是客厅，一方面有延展整体空间的效果，另一方面亲朋好友来家中作客，可以提供更多的座位。两张长桌长度 440 cm，夫妻俩同时使用，是相当充裕且舒适的；长凳从玄关延伸至餐厅阅读区，下方可作收纳柜。坐深有 80 cm，为过夜的访客做准备；坐柜的后方，收入了屋主多年来收藏的玩具、旅游纪念品等，也是此项目的主要墙面。沙发靠着靠窗的桌子，连接着客厅、电视墙，这里也成了工作日下班后或者周末生活的主要场域。

电视主墙两侧是安排进入主卧室的双动线，视需求可选择性地开启任一房门；主卧衣柜把手设计上有长形、方形、圆形，圆形把手以放大尺度的纽扣取代，这些把手是主卧室里主要的视觉墙面，它兼具试衣架功能；四组衣柜，其中一柜为开放式的，是女主人的化妆台、包包柜、收纳柜等，功能与美观兼具。

坐落于台北市新兴精华地段的本案，不仅已有十余年的屋龄，且空间多有零碎不完整的区块，在界阳设计进场之前，屋主已在世贸展览会场订购了五十万元的家具，除了需从基础工程重新施作补强外，充分利用畸零空间，并善用屋主选购的家具营造现代利落的氛围，是界阳设计本次最主要的设计主轴。

传统的空间设计概念是要化零为整，但界阳设计则是利用斜切的不规则线条，延伸出放大时尚的前卫意象。设计师以白色亮面钢烤顺着原有的结构墙面向餐厅延伸，中间则以照明展示柜点亮玄关，增添立面的丰富度。同样的墙面设计也从左边延伸进入客厅场域，设计师在按压式柜门上加设造型铁件把手，打破净白单调突出空间变化性。因原沙发背景墙太短无法表现客厅敞度，于是界阳设计调了90° 的坐向，将对外窗作为沙发背景墙，拉出完整的客厅尺度。也因为座向的调整，设计师在客餐厅间设计可 360° 旋转的 3D 超薄 LED 电视，满足餐厅也需视听享受的要求。

Zhong's House in Nei-hu District

内湖衷宅

项目面积：132㎡
设计公司：界阳设计
设计师：马健凯
材料：铁件、石皮板、钢刷木皮、进口玻璃、钢琴烤漆、金属砖

屋主原已订购的家具无法与设计后的氛围完美搭配，所以界阳设计除了协助屋主重新选配外，还依照空间氛围量身定做适合的家具，设计师在餐厅以不锈钢及坐垫打造出呼应其他餐椅设计的长凳，刻意混搭出恣意的生活线条，而为了让空间感不过于冷冽，设计师也于景观最好的餐厅窗边，以钢刷梧桐木打造休憩卧榻。为呼应木作元素营造的人文气息，界阳设计在通往私人空间的廊道上，于烤玻、灰镜等现代元素中错落设计石皮板，不仅借助建材纹路增添了立面视野的丰富度，也增添了自然暖度。

而设计师擅长以玻璃元素延伸视野长度的手法，不仅运用在中间跳接黑镜的书房隔间墙上，也施展在主卧卫浴立面上，以放大主卧室的空间视野。设计师在卫浴内以白色亮面马赛克砖延续主卧室的白色基调，另以黑色特殊砖铺叙主卧室电视墙面，并导 90° 角延伸进卫浴空间，将卫浴纳入主卧室的空间视野里，打造敞亮的主卧室气势。

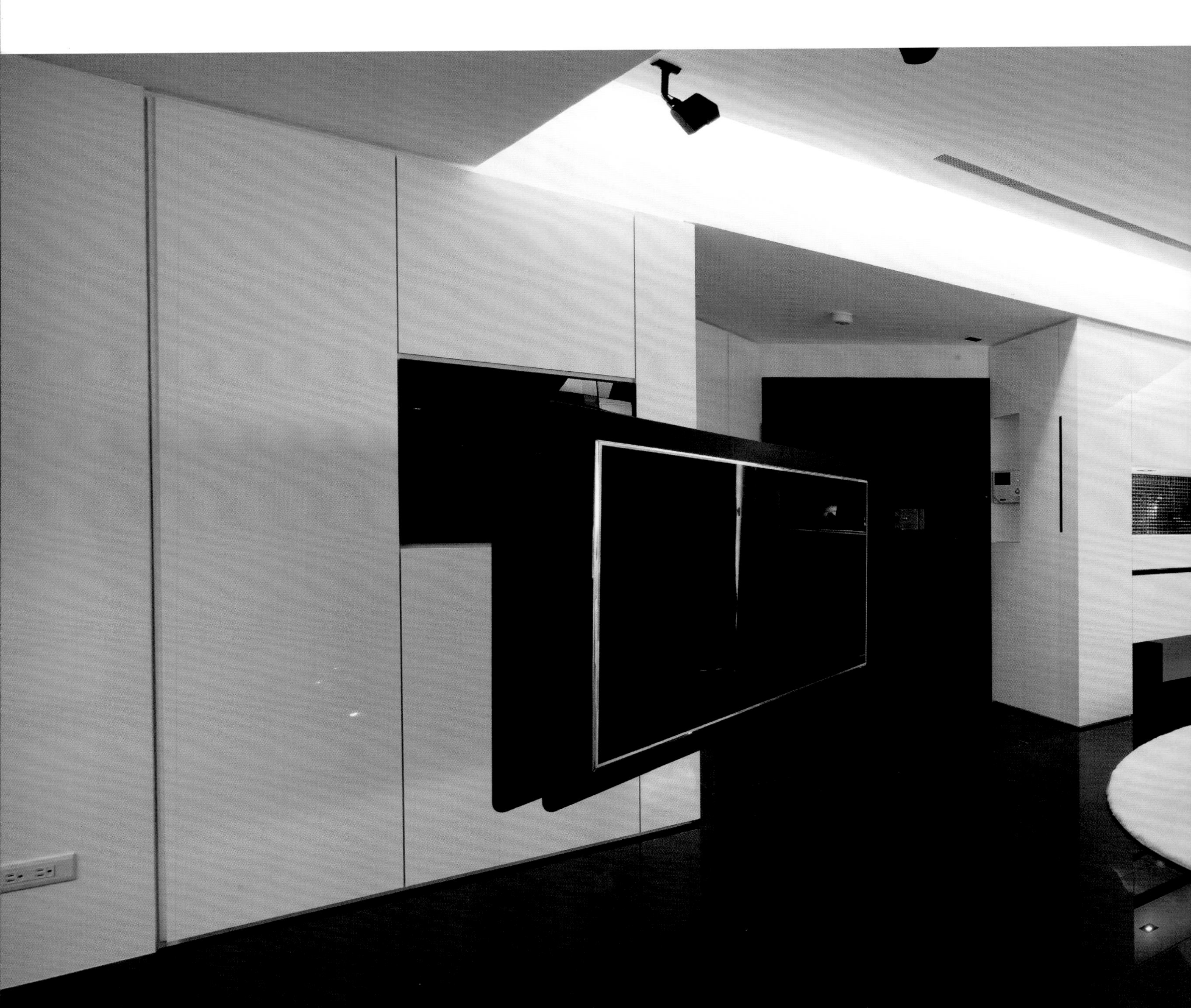

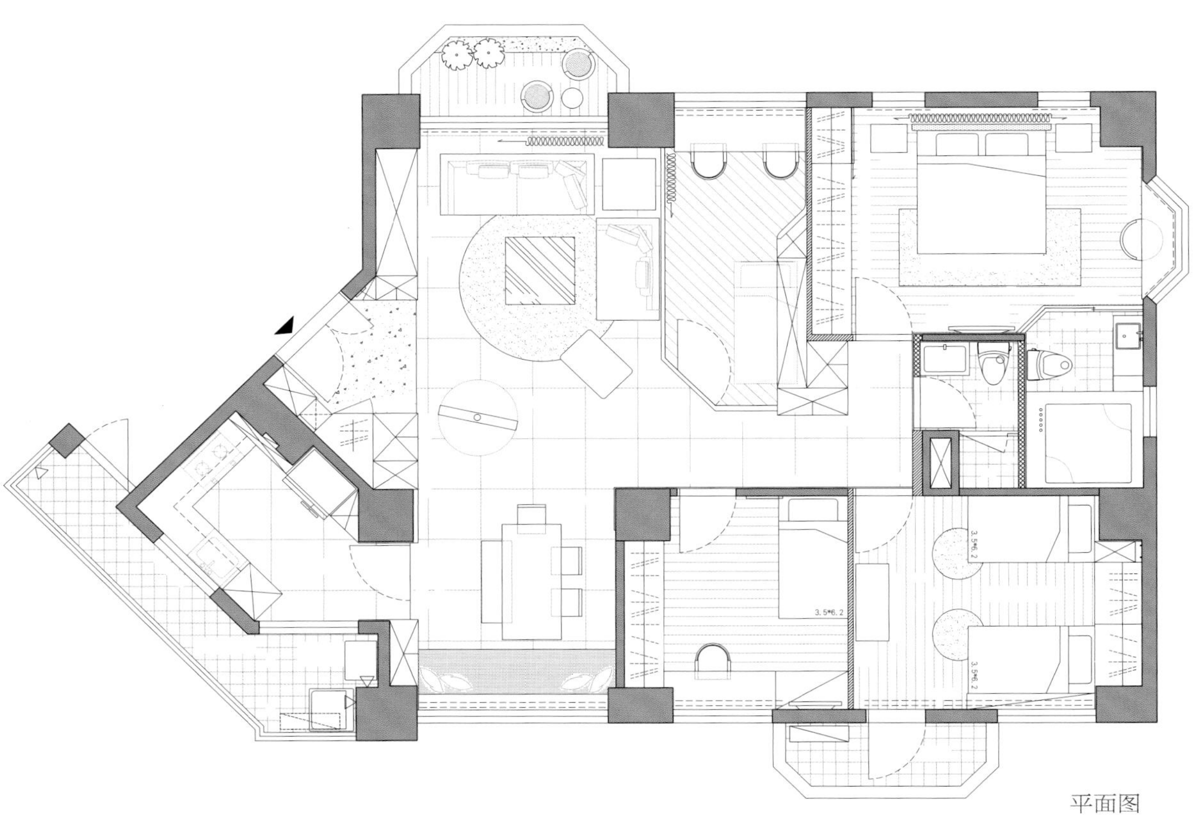

平面图

从事制造业的夫妻，对未来理想中的居所有各自的需求。外籍男主人希望拥有可容纳众多好友的宽敞厨房餐厅及可供独立思考使用的开放书房，女主人希望拥有玄关及起居室。了解上述想法后，设计师依业主的喜好和所求打造一处能同时满足业主的完美空间。

本案位于台北市中心精华地段，原为双层毛坯屋，位于建筑物顶楼，大面积的开窗让本案拥有充足的光线和宽广的视野。原有配置在空间使用上造成许多不理想的地方，既有楼梯的位置压缩空间使用的坪效以及过多的开窗造成墙面太过零碎，因此设计的重心放在动线规划、格局重整与空间利用上。

在了解了室内空间与室外环境后，利用原有的优势，配置上通过移动楼梯的位置，让厨房及餐厅的空间更完整，创造轻盈又穿透的楼梯和空中走道，使二楼的起居空间感觉更宽敞、更完整，封闭部分

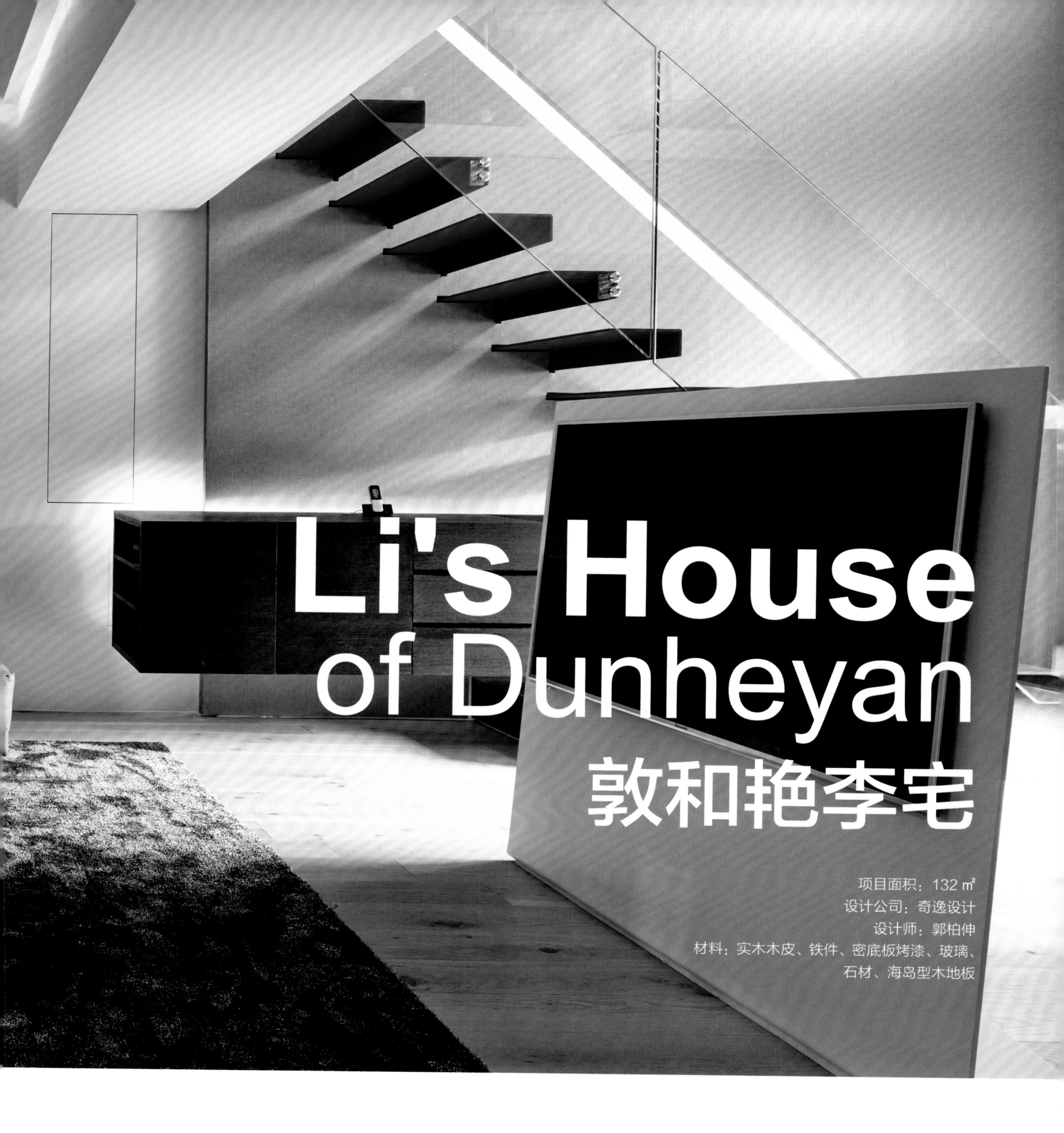

Li's House of Dunheyan
敦和艳李宅

项目面积：132 ㎡
设计公司：奇逸设计
设计师：郭柏伸
材料：实木木皮、铁件、密底板烤漆、玻璃、石材、海岛型木地板

窗户增加墙面的完整性，让本案增加可规划使用的楼梯主墙及电视墙等。

因为本案的面积不大，利用连续性的材质放大整体空间的感觉，例如走道上的木皮带到墙面，玄关天花接到厨房另一端，让视觉上延续不间断。原配置厨房空间在楼梯下使用的空间受到局限，移动楼梯位置可创造更宽敞、更完整的餐厨空间。女主人希望一进家里就能拥有一个完整玄关的空间，因此利用一穿透屏风界定玄关并制造端景。楼梯主墙挑选特殊的壁布，延续到天花板，在有限的空间里面壁布的连续让公共空间更显宽敞。楼梯踏面用 9 mm 的铁板当踏面，扶手利用玻璃的穿透感，让整体感觉不会太沉重，并为业主营造出时尚生活的梦想及居家空间。

ARCHITECTURE

BALCONY
房间 2
起居室
BALCONY
B.B.Q
SOFA BED
房间 1
FOYER
REF
厨房
厕所
LAUNDRY
ENTRANCE

一层平面图

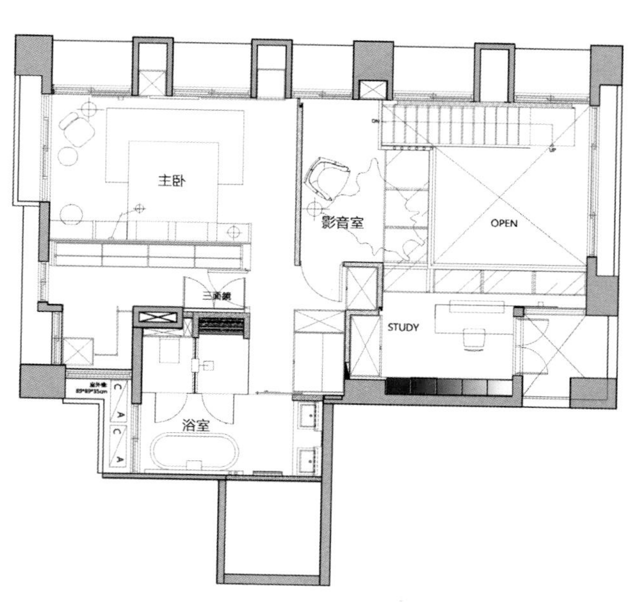
主卧
影音室
OPEN
三温暖
STUDY
浴室

二层平面图

1000
STANDS & PRODUCT DISPLAYS

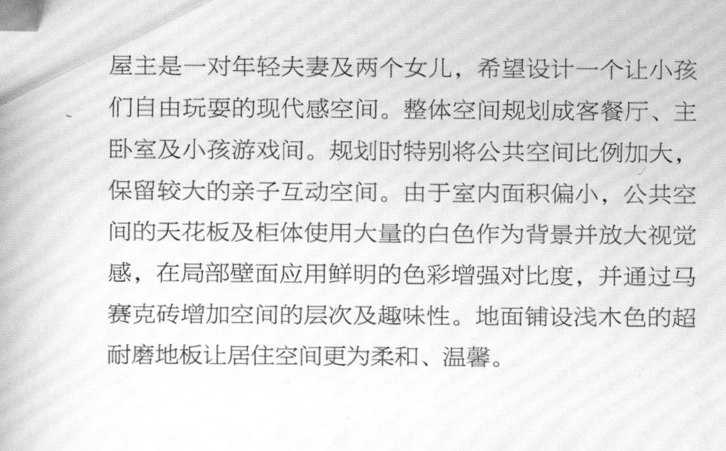

屋主是一对年轻夫妻及两个女儿，希望设计一个让小孩们自由玩耍的现代感空间。整体空间规划成客餐厅、主卧室及小孩游戏间。规划时特别将公共空间比例加大，保留较大的亲子互动空间。由于室内面积偏小，公共空间的天花板及柜体使用大量的白色作为背景并放大视觉感，在局部壁面应用鲜明的色彩增强对比度，并通过马赛克砖增加空间的层次及趣味性。地面铺设浅木色的超耐磨地板让居住空间更为柔和、温馨。

Luo Mansion of Jieyunyipin

捷运一品罗公馆

项目面积：83 ㎡

设计公司：逸乔室内设计

设计师：蒋孝琪

材料：栓木染白、喷漆、马赛克砖、超耐磨地板

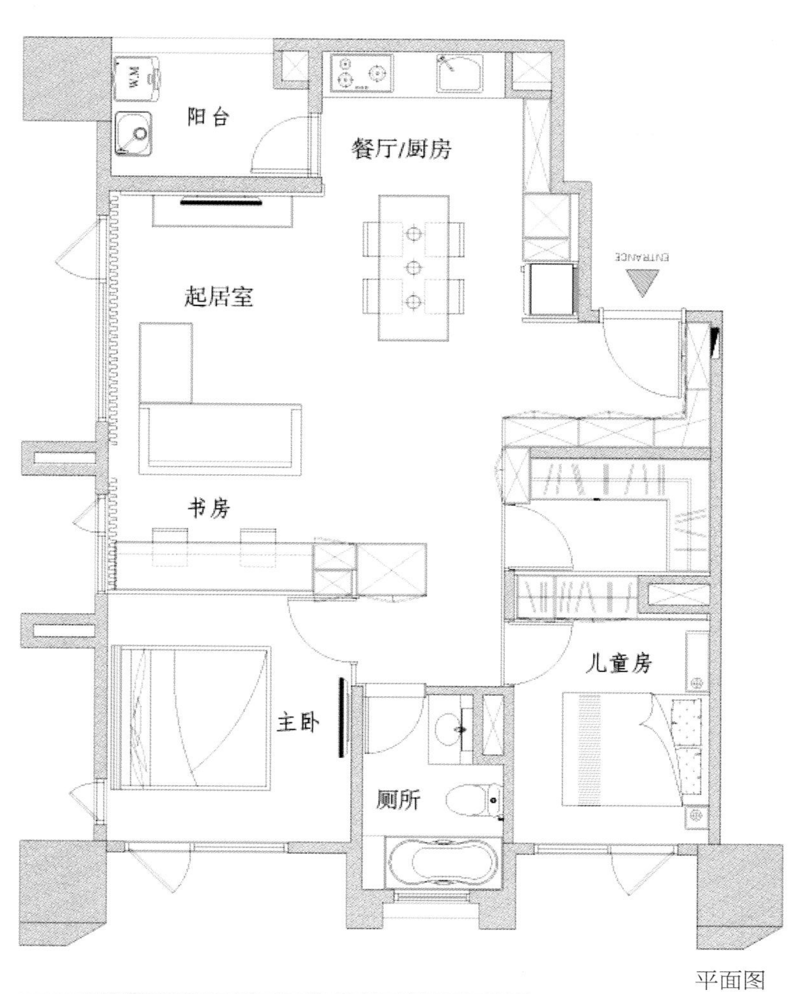

平面图

在空间切割手法上利用一条清楚的轴线区分出公共区域及私密区域，而属于公共区域的客厅、餐厅、厨房及钢琴演奏区，则采用开放的手法延展出空间的宽阔性，进而利用材质的穿透性与私密区交叉重叠，再从面对国家歌剧院的概念出发，透过三角钢琴旁的落地窗，将室外现代艺术的氛围引入室内空间之中，让居家生活奏出一首动人而优雅的旋律。

Vacation in Modern Art Gallery

度假现代艺术馆

项目面积：120 ㎡
设计公司：顽渼空间设计
设计师：洪淑娜
材料：亮烤木皮、白色烤漆、烤漆玻璃、大理石、马赛克、橡木木地板

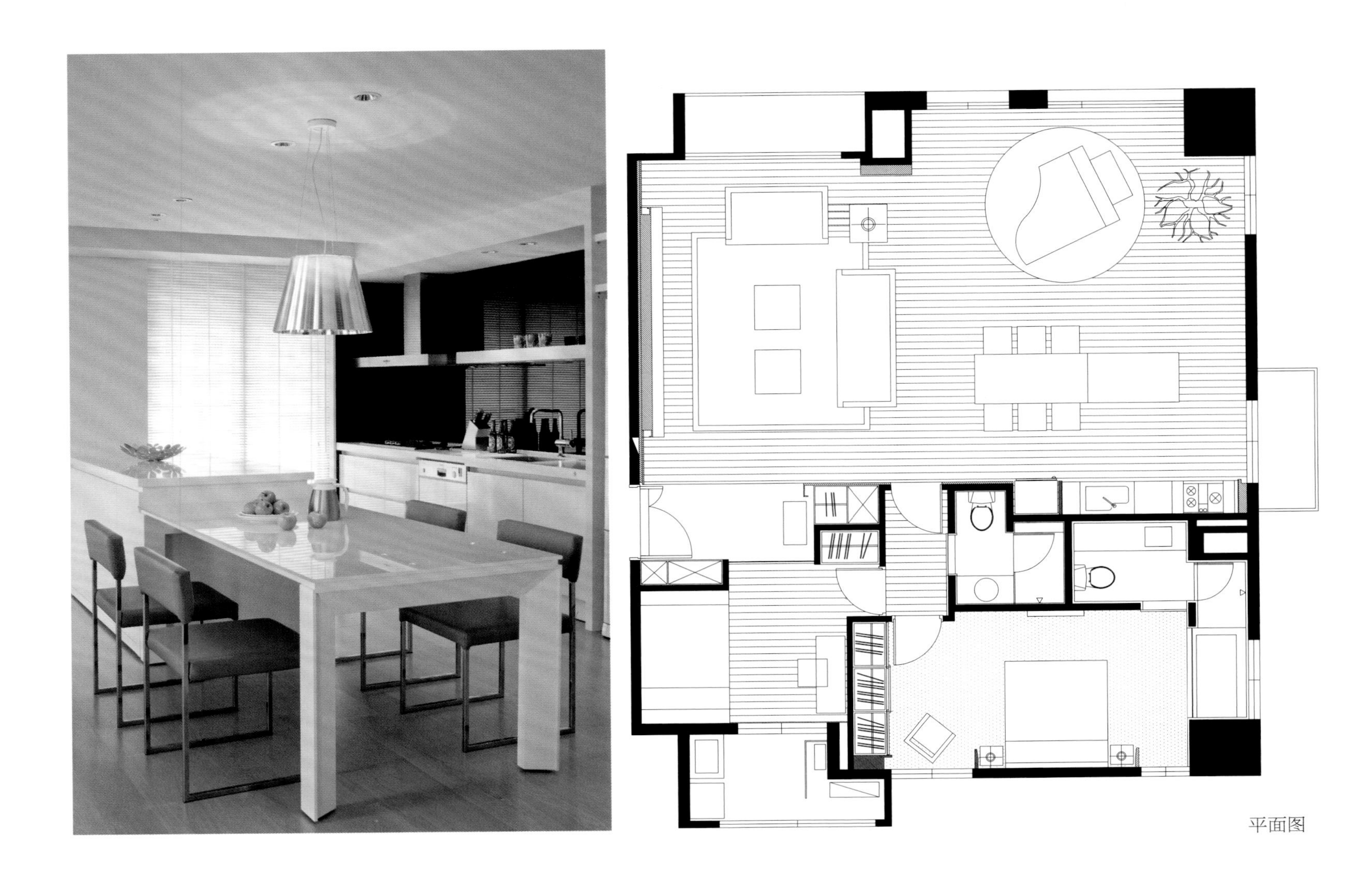

平面图

Zhan's House in Banqiao District

板桥詹宅

项目面积：106 ㎡
设计公司：日作空间设计
设计师：黄世光、江冠逸
摄影师：游宏祥
材料：洞石、烧面石材、观音山石、栓木、桧木、柚木、铁件、锈板、抿白石

本案位于大楼林立的板桥市区，屋主在喧嚣尘世中，踞立都市丛林的制高点，只为觅得一处安定居所，留给自己，留给家人。伴随着新家的落成，是另一个小生命的到来，悉心为小姊妹们备妥大面涂鸦墙，心飞到哪，笔就挥到哪。温润素雅又兼容收纳的空间，就留给年轻的屋主。

不新不旧的十五年顶楼公寓，除了漏水与隔音不良的现况，还存在格局不佳的问题。为了同时兼顾屋主的需求，以及不断到来的家庭成员，设计师决定进行全屋翻新，将空间元素重新定义，加以适当的巧妙移位。

入门的石材玄关墙，仅以隔断视线为限来决定墙体高度，用以迎合屋主提出的入门不能看到房门的要求。从玄关墙沿着实木穿鞋椅、石材落尘区，视线落在简洁、细腻的柚木玄关柜上。这个悬空的柜

体脱离地面的支撑之后，又往客厅突出，仿佛一艘漂浮的舰艇缓缓而稳当地向前推进，引领屋主朝下一个空间前进。

设计师将本案命名为“重新排列，适得其所”。原先狭窄的客厅空间，通过墙体位移，向主卧室借取一只手臂的宽度，换得客厅舒缓的深度。一隅轻巧长窗搭配铝百叶，仿佛一盏安装了自然光的可调式光源，随时调节沙发区角落的明暗。更衣室、小孩房、餐厅与厨房，四者墙体关系也做了精准调配。将柜体、设备、家具、门位，彼此相连的空间元素重新排列整合，各得其所。调整整顿之后，在空间中若隐若现的是充足的收纳内涵。向外腾空出来的，不仅仅是流畅的动线与开阔的视觉，更在层层递进的移动顺序中，理出隐约的空间秩序，而屋主的心灵生活，也随之理出安适与稳定。

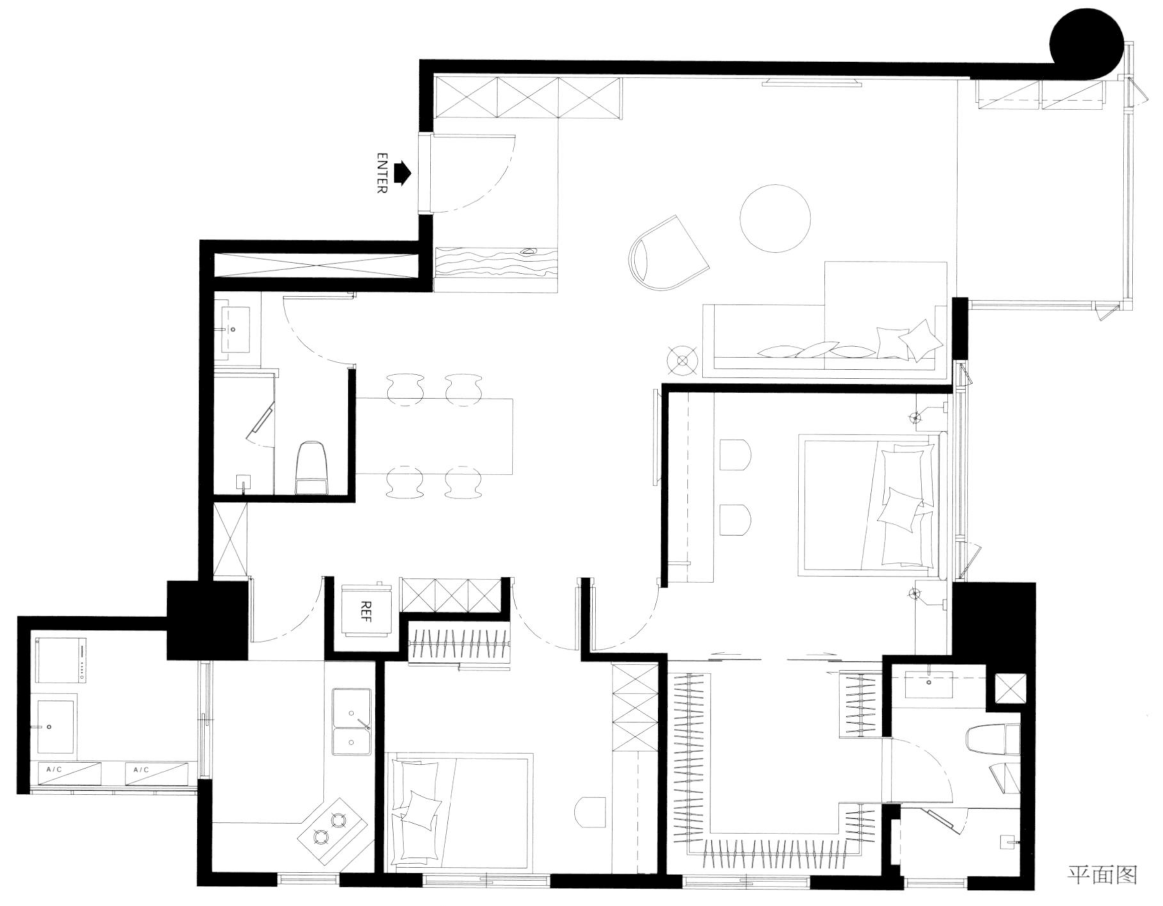

平面图

600 Black Spots

Beautiful House in City

呼吸的都市美宅

项目面积：120 ㎡
设计公司：科宇设计实业有限公司
设计师：高祥闵

走入玄关区域，大理石的柔和色调拼凑出几何图腾，连接起天地气度，融入整体空间，呈现客厅与梁柱相衬的完美视觉，且为了虚化空间的狭小，鞋柜利用退缩及间接光线，以悬浮、轻化的形式，让空间变得更为开阔。

餐厅的设计中，水平移动的夹纱玻璃门设计，让用餐时刻多了一份独立感，而同样的材质，设计师也应用到厨房门片，水波纹路能使光线穿透，却还能阻挡油烟的窜入，是实用性的规划设计。

在厨房内部，设计师为屋主保留了原格局，与墙面相同的门片的拼贴纹理，显出暗门的细腻设计，而相同的细节也延至主卧卫浴的设计中，无把手的设计体现出设计师的利落；延续着那份温暖及的自然感觉，简洁的基调里，柚木集成材质制成的床头，与白色调衣柜及墙面，构筑出简约之感，配上柔和的光源，使人觉得放松又舒适。

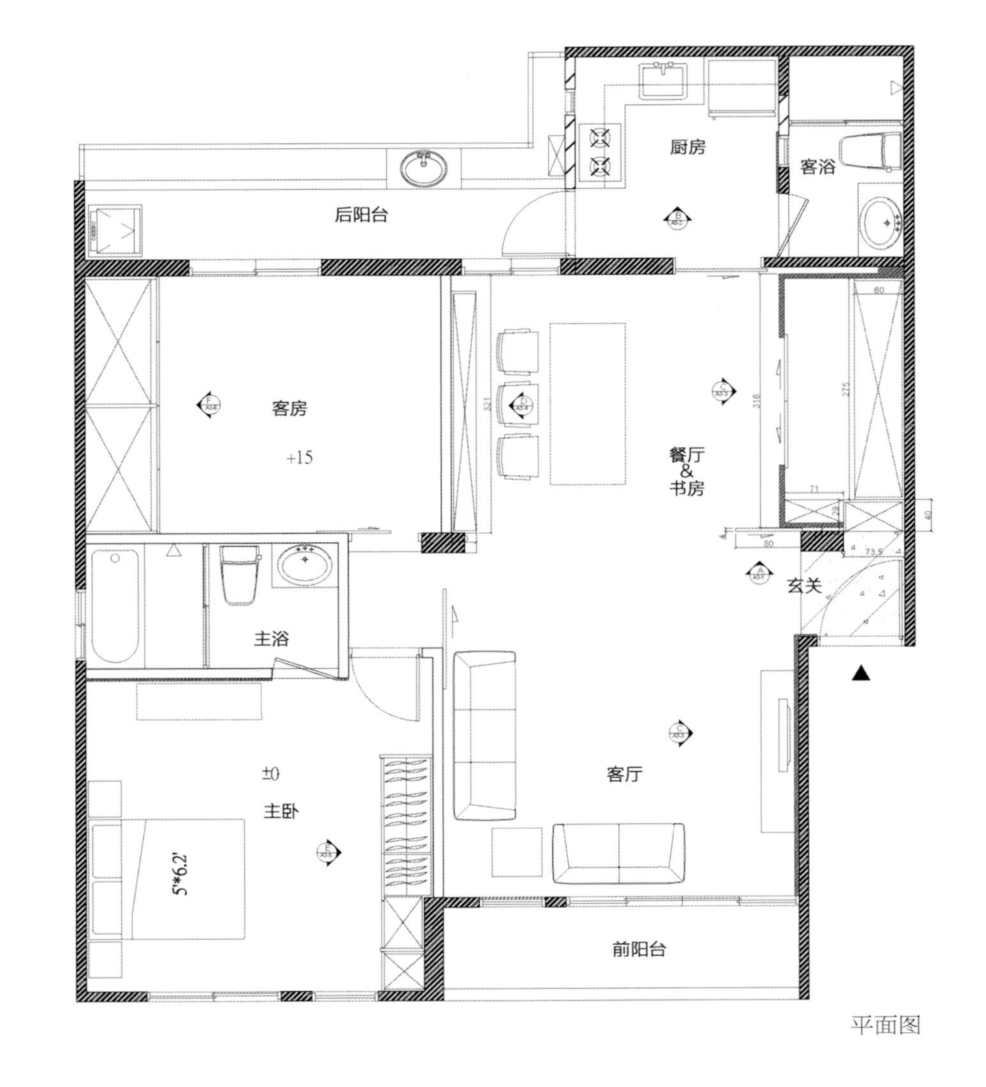

平面图

图书在版编目（CIP）数据

品鉴台式简约 / 颜军编 . -- 南京 : 江苏凤凰科学技术出版社 , 2015.5

ISBN 978-7-5537-4306-6

Ⅰ . ①品… Ⅱ . ①颜… Ⅲ . ①室内装饰设计—作品集—中国—现代 Ⅳ . ① TU238

中国版本图书馆 CIP 数据核字 (2015) 第 065848 号

品鉴台式简约

编　　者	颜　军
项目策划	凤凰空间/刘立颖
责任编辑	刘屹立
特约编辑	刘立颖
出版发行	凤凰出版传媒股份有限公司 江苏凤凰科学技术出版社
出版社地址	南京市湖南路1号A楼，邮编：210009
出版社网址	http://www.pspress.cn
总 经 销	天津凤凰空间文化传媒有限公司
总经销网址	http://www.ifengspace.cn
经　　销	全国新华书店
印　　刷	北京博海升彩色印刷有限公司
开　　本	1 020 mm×1 420 mm　1/16
印　　张	18.5
字　　数	149 000
版　　次	2015年5月第1版
印　　次	2015年5月第1次印刷
标准书号	ISBN 978-7-5537-4306-6
定　　价	298.00元（精）

图书如有印装质量问题，可随时向销售部调换（电话：022-87893668）。